LE SOUFRAGE DE LA VIGNE

LE

SOUFRAGE DE LA VIGNE

EN TOURAINE

ET DANS LES DÉPARTEMENTS VOISINS

par

M. ROUILLÉ-COURBE

Membre de la Société impériale et centrale d'horticulture
du Congrès pomologique de France, Président de la section d'Agriculture de la Société
d'Agriculture, Sciences, Arts et Belles-Lettres d'Indre-et-Loire.

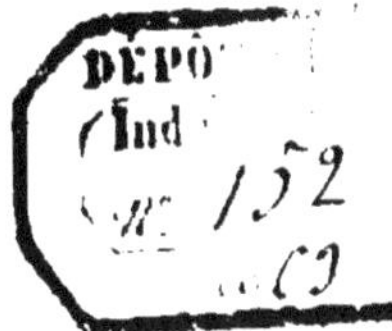

Deuxième édition revue et augmentée.

PRIX : 75 CENTIMES

TOURS

IMPRIMERIE LADEVÈZE

1863.

A MONSIEUR PODEVIN, PRÉFET D'INDRE-ET-LOIRE

MONSIEUR LE PRÉFET

Votre vive et constante sollicitude pour tout ce qui intéresse la prospérité de notre département m'a inspiré la pensée de vous dédier ce travail sur les moyens d'arrêter les ravages du fléau qui désole les vignobles du Midi et du Sud-ouest, et commence à atteindre les nôtres.

En me permettant de placer votre nom en tête de cet opuscule, vous l'honorez du plus bienveillant patronage et vous m'accordez une faveur dont je suis profondément reconnaissant.

J'ai l'honneur d'être,

Monsieur le Préfet,

votre respectueux et dévoué serviteur,

ROUILLÉ-COURBE.

AVANT-PROPOS

L'oïdium qui, depuis 1851, avait commencé ses ravages dans le sud et le sud-ouest de la France, fit son apparition dans nos contrées en 1855, en attaquant nos treilles. Ce fut en 1860 seulement qu'il gagna nos vignes, sans toutefois les envahir d'une manière complète, comme dans les régions méridionales.

En voyant le mal garder, pendant un certain temps, des proportions restreintes, on se plut à croire qu'il n'était pas destiné à s'étendre davantage. De là une espèce d'indifférence, à peu près générale, sur l'emploi des remèdes qu'on aurait pu lui opposer et, dès lors, une expérience imparfaite de l'efficacité de ceux qui ont été tentés.

Pour l'étude de la saine appréciation des moyens curatifs à appliquer, il était donc nécessaire de rechercher ailleurs, c'est-dire dans les pays où le fléau avait cruellement sévi, les procédés expérimentés avec succès.

Pressentant son invasion générale, malheureusement trop certaine dans nos contrées, et les incalculables désastres dont est menacé notre département, où la surface consacrée à la culture de la vigne ne compte pas moins de *quarante mille hectares*, et son produit annuel dépasse *trente millions de francs*, j'ai pensé qu'il était essentiel d'aller observer sur place la marche de la maladie et recueillir tous les renseignements qui pourraient nous aider à en arrêter les ravages. Deux voyages dans le midi, entrepris dans ce but, et qui m'ont mis en rapport avec les viticulteurs les plus éminents de cette partie de la France, m'ont permis de me faire une opinion sur la valeur des moyens curatifs recommandés par les écrivains qui font autorité et qui ont été éprouvés par les praticiens les plus compétents.

C'est le résultat de mes recherches de deux années que je viens mettre sous les yeux de mes concitoyens dans l'espoir de leur être utile, heureux si je réussis à leur épargner des essais infructueux, souvent fort chers, toujours décourageants !

DU SOUFRAGE DE LA VIGNE

EN TOURAINE

ET DANS LES DÉPARTEMENTS VOISINS

L'Oïdium dans les Vignobles du Midi, du Bordelais et de la Touraine.

Depuis 1851, l'oïdium a attaqué une grande partie des vignobles du Midi et du Bordelais, et, grâce à une infatigable persévérance et à de très-grands sacrifices, des hommes expérimentés ont réussi, sinon à détruire le fléau, du moins à en arrêter les ravages, à en annihiler les effets. Au nombre de ces bienfaiteurs de la viticulture, nous devons placer au premier rang MM. Marès et Casalis-Allut, de Montpellier, et M. de Lavergne, de Bordeaux. C'est le résultat de leurs recherches, de leurs procédés, que je me propose de faire connaître, de vulgariser, pour conjurer les désastreuses conséquences d'un mal qui menace d'envahir et de ruiner nos vignobles, si on ne l'attaque pas en lui opposant des remèdes efficaces, si ces remèdes, on ne les emploie pas en temps opportun.

Depuis deux ans, nous ne pouvons plus nous faire illusion à cet égard, la maladie de la vigne, ou l'oïdium Tuckeri, a gagné avec une rapidité effrayante les départements de l'Ouest, de l'Est et du Centre, et, d'après les renseignements qui me sont communiqués, je puis déjà citer dans notre département beaucoup de régions et un certain nombre de cépages qui ont été atteints, en 1861 et en 1862.

A l'appui de mon assertion, je puis signaler comme ayant été attaqués, le gros pinot, pour les vins blancs, dans les communes de Vouvray, Rochecorbon, St-Georges, Montlouis et St-Martin-le-Beau. En ce qui concerne les vins rouges, à l'exception du côt et du grolot, tous les autres plants ont beaucoup souffert, et particulièrement le Massé doux, dans les communes de Cangey, Limeray, Pocé, Mosnes, Chargé et une partie d'Amboise; le gros-noir, dans les communes de Luzillé, Francueil, St-Georges, Bléré, Athée, Luynes, St-Étienne-de-Chigny, Vallières, Fondettes, Mettray, St-Antoine-du-Rocher. Le petit breton a beaucoup souffert à Restigné, à St-Nicolas, à Bourgueil et dans les vignobles de ce canton. Il en a été de même dans les cantons de Chinon et de l'Ile-Bouchard, les plants de grolot et de breton, pour les rouges, et le chenin, surtout pour les blancs, ont été très-maltraités par la maladie depuis deux ans; les communes qui ont le plus souffert sont : Chinon, Candes, Seuilly, Couziers, Crouzilles, l'Ile-Bouchard : Tavant, Sazilly, Parçay-sur-Vienne, Panzoult, Trogues, Rilly, Anché, Cravant, et, sur les bords de l'Indre, les gros-noirs et les pinots blancs ont été attaqués dans les communes de Montbazon, Veigné, Esvres et Cormery. Depuis 1862 seulement, les côts, les grolots l'ont été un peu dans beaucoup d'autres communes.

Les progrès incessants du mal donnent lieu de craindre que la maladie n'envahisse tous nos cépages et tous nos vignobles, comme elle a envahi, depuis 1850, le Midi et le Bordelais. Je vais donc emprunter à des communications importantes, qui m'ont été faites en 1861, par M. Henri Bouschet, propriétaire, membre de la Société d'horticulture, et président de la Société d'agriculture de l'Hérault, et au *Manuel* de M. Marès, de Montpellier, membre de la Chambre consultative d'Agriculture de l'Hérault, sur le soufrage des vignes malades, enfin, au travail si consciencieux publié par M. de la Vergne, de Bordeaux, sous le titre d'*Instruction aux Viticulteurs de Beaulieu et de*

Mercœur (Corrèze), tous les renseignements qui peuvent être utiles à nos viticulteurs. Avant d'indiquer les moyens de conjurer les effets du fléau, je dois dire quelques mots de la marche de la maladie, de ses caractères essentiels, des causes auxquelles il faut l'attribuer; ces détails permettront de mieux apprécier l'action de l'agent qui a été employé contre elle, avec succès, dans le Midi, et de profiter de l'expérience que les viticulteurs méridionaux ont acquise depuis douze ans. Je ne puis mieux faire que de citer textuellement les observations de ces habiles praticiens, en suivant l'ordre qu'ils ont eux-mêmes adopté.

La vigne peut être attaquée de maladie à toutes les époques de la végétation; il suffit, au début, d'une série de jours chauds pour la voir paraître çà et là, sur les espèces plus particulièrement exposées à ses ravages. M. Marès cite pour exemple deux cépages, le *carignan* et le *picardau*, très-estimés dans le Midi pour leur précocité et leur fertilité; mais si la saison est froide est retardée, la maladie se manifestera plus tardivement. En Touraine, les plants qui ont été les premiers attaqués par la maladie, sont, pour les cépages rouges : le massé doux, le plant meunier, les malvoisies et les gros-noirs; pour les blancs : les chenins et les gros pinots. Toutefois, ils avaient été devancés par les raisins de table, les muscats, les malvoisies et les chasselas. Ces divers cépages me serviront de point de comparaison avec ceux du Midi, qui depuis 1851 ont été les premiers atteints chaque année.

Développement de la Maladie de la vigne.

« Les premières apparitions ont lieu dès le commencement
« du printemps, elles ne se déclarent que sur les ceps qu'elle
« a déjà envahis les années précédentes, et elles n'ont lieu que
« sur les cépages bien connus pour être attaqués de préfé-

« rence. Ainsi, dès le mois d'avril, on la trouve sur le *carignan,* « mais elle n'est encore que partielle et seulement disséminée « sur un petit nombre de bourgeons qui paraissent plus ou « moins *enfarinés et qui s'étiolent assez vite.* Sur les autres « espèces elle n'apparaît que plus tard, c'est ordinairement « dans le mois de mai, et à cette époque encore, elle n'attaque « çà et là que des bourgeons isolés. »

Je ferai remarquer que cette observation de M. Marès s'applique à la température et aux cépages du Midi, et que la maladie, qui commence à paraître à Montpellier et à Bordeaux en mai, ne doit commencer dans nos vignobles du Centre qu'en juin. Ce qui peut paraître extraordinaire, c'est, comme le note M. de la Vergne, de Bordeaux, que, « si vous apercevez de la moisis« sure nouvellement formée sur un cep quelconque, vous de« vez tenir pour certain qu'elle est en train de se former sur « les autres ceps; soufrez alors et les ceps qui ont de la « moisissure visible et ceux qui n'en ont pas. Les pieds de « vigne qui eurent les premiers de l'oïdium, lorsque le cham« pignon parut sur votre vigne, dit-il à ses voisins, en auront « toujours les premiers dans les années suivantes. Ce sont « des *moniteurs*, qui vous avertissent chaque fois qu'un sou« frage devra être exécuté. Vous trouverez de ces moniteurs « dans chacune de vos pièces de vigne, pour chaque espèce « que vous cultivez. »

Dans leurs ouvrages, MM. Marès et de la Vergne engagent à marquer ces moniteurs dès l'apparition de la maladie, afin de les retrouver facilement et de les consulter à propos tous les ans. Cette remarque, j'ai eu occasion de la faire, à St-Avertin, sur des treilles attaquées depuis plusieurs années.

« La maladie, dit M. Marès, de Montpellier, se répand à me« sure que la température devient plus élevée; alors ses rava« ges prennent un caractère général et ne se bornent plus à « quelques tiges isolées. Ainsi, à l'époque où mûrissent les « blés, on la voit éclater sur tous les ceps à la fois. Les vignes

« prennent alors une couleur jaune particulière, et si l'on exa-
« mine attentivement leur feuillage et leur fruit, on les trouve
« parsemés de poussière ou d'efflorescences blanches, d'une
« odeur de moisi particulière, facile à reconnaître. L'invasion
« devient, à partir de ce moment, générale; elle s'étend sur
« d'immenses surfaces, à des contrées entières, avançant ou
« retardant de quelques jours, selon la chaleur du climat et
« des expositions. C'est le temps où commencent les moissons,
« époque qui, pour le climat de Montpellier, varie du 20 au 30
« juin, c'est aussi l'époque où s'accomplit la floraison de la
« vigne. L'oïdium dès lors disséminé, attaque peu à peu toutes
« les espèces, en altère la végétation et en détruit les raisins
« pendant les grandes chaleurs des mois de juillet et août.

« C'est alors seulement que les sarments se couvrent de
« taches noires, que les entrefeuilles se développent, que les
« feuilles se recoquillent et se dessèchent, que le raisin, d'abord
« enfariné, se couvre de taches brunes, se fend et se déssèche.
« Les ravages de tous genres deviennent évidents pour tous
« les yeux, et les illusions et les espérances fondées sur la vi-
« gueur de la végétation se dissipent devant la réalité.

« Telle est la marche de la maladie, les désordres qu'elle
« cause sont ordinairement plus grands lorsqu'un été sec et
« chaud succède à un printemps pluvieux.

« Les terres chaudes, pierreuses, peu profondes, sont le
« plus souvent celles où ses ravages sont le plus considérables,
« parce qu'elle y paraît plus tôt que dans les terres profondes,
« plus lentes à s'échauffer.

« Les vents secs et les premières chaleurs de l'été la
« répandent ordinairement avec une merveilleuse rapidité.
« Les treilles et les hautains sont plus attaqués que les vignes
« en souche.

« Certaines espèces résistent mieux que d'autres aux
« atteintes de la maladie; ces espèces sont connues et signa-
« lées aujourd'hui dans chaque vignoble.

« Les vignes vieilles souffrent beaucoup plus des atteintes « de la maladie que les vignes jeunes; leur produit devient « nul. Le vieux bois et les coursons meurent pour la plupart « et on se trouve forcé de les greffer ou de les arracher.

« Les bonnes cultures ne font pas disparaître la maladie, « mais elles donnent à la vigne plus de vigueur pour lui « résister.

« Il en est de même des engrais. Cependant lorsqu'ils « échauffent le sol, ils favorisent l'apparition précoce de la « maladie et la rendent plus dangereuse; *il faut dans ce cas « être prêt à la combattre énergiquement.* »

Caractères de la Maladie de la vigne.

Partout où la maladie de la vigne a été observée, elle a été caractérisée par un petit cryptogame ou champignon de la famille des mucédinées, qu'on a nommé *oïdium Tuckeri*, du nom de *M. Tucker*, son premier observateur. L'apparition de ce petit champignon, semblable dans les premiers jours de son développement à une moisissure blanchâtre, est donc *le caractère fondamental* de cette maladie. On ne peut la reconnaître elle-même sur les diverses parties du cep que par la présence de ce petit champignon et réciproquement partout où ce dernier a été constaté sur la vigne, elle s'est trouvée malade; de sorte que l'étude de la maladie et celle de l'oïdium Tuckeri sont indispensables et qu'elles paraissent se confondre. Je vais donc dire quelle est la composition du champignon. Il est formé :

« 1° De filaments rampants très-déliés faisant fonction de « racines; ils sont très-nombreux, allongés, ramifiés, non « cloisonnés et couvrent d'un inextricable réseau les parties « envahies. Ils sont garnis de renflements en forme de pelotte « qui pénètrent dans l'épiderme des tissus où ils font l'office

« de crampons. Ces crampons forment peu à peu autour « d'eux les taches noires qu'on remarque sur les sarments, « les feuilles et les raisins; on désigne cet ensemble de « filaments rampants sous le nom de *mycelium ;*

« 2° De filaments érigés, cloisonnés de distance en distance « et affectant les formes de massues. Les cloisons sont « susceptibles de se transformer chacune en une sorte de « graine particulière; on désigne ces filaments sous le nom de « *tigelles ou filaments fertiles,* par opposition à ceux du myce- « lium qui sont désignés sous le nom de *filaments stériles*;

« 3° De spores ou sporules ; ce sont des corpuscules ellip- « soïdes, c'est-à-dire à peu près en forme d'œuf, engendrés par « les cloisons des tigelles, portés par elles et placés bout à « bout à leur extrémité. Ces spores remplissent les fonctions « de graine de *champignon parasite*, elles germent et le « reproduisent dans toutes ses parties.

« Ainsi l'oïdium est muni d'organes distincts, faisant fonc- « tions de racines, de tiges et de graines.

« Il faut un bon microscope pour bien voir l'oïdium, car il « est extrêmement petit. On en jugera par les chiffres « suivants, qui expriment ses dimensions :

« Les filaments du mycelium ont de 3 *à* 5 *millièmes de* « *millimètre d'épaisseur.* Isolés, ils sont imperceptibles à la « vue simple et ne peuvent être aperçus que groupés en « masse.

« Les tigelles ont un diamètre de 4 *à* 5 *millièmes de milli-* « *mètre* dans leur partie la plus étroite à la base; il est « souvent double au sommet, leur longueur varie entre 7 « et 15 *centièmes de millimètre.*

« Les spores sont assez souvent de grosseur variable; en « général leur grand diamètre a une longueur de 2 *centièmes* « *et demi ou* 25 *millièmes de millimètre*, il est souvent « moindre ; leur petit diamètre est environ d'*un centième de* « *millimètre*, souvent il est plus petit.

« Partout où l'on aperçoit les diverses parties de la vigne « malade couvertes de moisissures, l'oïdium présente *un* « *nombre immense d'individus.*

« Les fragments du mycélium le reproduisent comme des « boutures, les spores comme des graines. On peut donc « considérer chaque petite surface couverte de moisissure, « comme une pépinière susceptible de fournir une prodigieuse « quantité d'éléments reproducteurs, que les mouvements de « l'air répandent ensuite de tous côtés. »

Ces milliards d'individus, qu'on voit au microscope parmi le cryptogame parasite ou moisissure blanche de la maladie de la vigne et de l'oïdium Tuckeri, ont donné lieu souvent à des contradictions, sur l'essence de ce *champignon parasite* et a divisé les viticulteurs qui ont étudié et écrit sur cette maladie. Selon les uns c'est un cryptogame parasite ne présentant aucune famille d'individus ; selon les autres au contraire on voit au microscope des milliards d'animalcules, armés de crampons et de suçoirs créés par la décomposition du cryptogame, qui attaquent les parties vertes de la vigne, les feuilles, le raisin et le bois, enfin tout ce qui forme la constitution vivace de la vigne. Mais si on diffère en ce qui touche les caractères du mal, on est parfaitement d'accord que le seul remède est le soufre employé à temps et aux époques fixées par l'expérience.

Conditions à remplir pour combattre la Maladie de la vigne.

« En se plaçant à ce double point de vue, le problème qui « consiste à trouver les moyens de combattre la maladie de « la vigne sera donc aussi celui qui consiste à détruire « l'oïdium ou ses germes, dans tous les états de leur dévelop- « pement et sur toutes les parties de la vigne où ils pourront « se trouver.

« J'ai fait dans ce but, depuis plusieurs années, dit M. Marès, « un grand nombre d'expériences de tous genres, et j'ai « reconnu qu'il n'était guère possible de détruire la maladie, « en attaquant pendant le sommeil de la végétation les « germes qui la reproduisent. Les moyens employés dans ce « but peuvent l'atteindre, et la maladie ne disparaît point « pour cela.

« En effet, dès que la végétation est en mouvement, une « foule de germes reproducteurs de l'oïdium, transportés « par les courants d'air, s'abattent sur les organes verts en « prennent possession et au bout de quelques jours la maladie « est de nouveau déclarée ; *l'oïdium pousse, fructifie, s'implante « partout, détruit les fruits et étiole la vigne.* Les moyens qui « consistent à guérir la maladie sur les raisins seulement « sont encore plus insuffisants que les précédents, car ils sont « incapables de combattre le mal dans les trois premiers mois « de la végétation de la vigne, alors qu'il est le plus redou- « table, et ils abandonnent toujours les sarments et les feuilles « à ses ravages. Ils n'ont réellement qu'une faible importance.

« Comme on ne peut certainement reconnaître la maladie de « la vigne qu'à la présence de l'oïdium et que celui-ci ne « s'implante que sur les parties vertes du cep, c'est sur elles « qu'il faut l'attaquer et le détruire aussitôt que le *parasite « commence* à y faire son apparition. »

Les conditions à remplir sont alors les suivantes :

« 1° Agir sur toutes les surfaces vertes de la vigne en « végétation, pénétrer partout où penètrent les poussières si « fines que forment les sporules de l'oïdium ;

« 2° Renouveler aussi souvent qu'il le faudra l'action de « l'agent destructeur de l'oïdium, puisque les moyens de « reproduction de ce dernier sont incessants et qu'il peut se « développer de nouveau, aussitôt que les surfaces vertes de « la vigne ne sont plus à l'abri de ses attaques ;

« 3° Appliquer le remède avant que l'oïdium ait pu altérer

« les tissus des différentes parties du bourgeon, surtout quand « il est jeune. *Cette dernière condition est la plus indispensable,* « car si l'on agit pour détruire le parasite lorsqu'il a déjà plus « ou moins détérioré les parties sur lesquelles il s'est fixé, « *on n'obtient qu'un résultat nul ou partiel. Le mal est fait.*

« Ces trois conditions doivent être remplies par des moyens « surs, pratiques, peu coûteux et qui n'entravent nullement « les opérations diverses de la culture. »

Propriétés du soufre.

« Le but est atteint d'une manière admirable par la fleur de « soufre. Elle possède, en effet, toutes les propriétés néces- « saires pour constituer l'agent curatif par excellence. *D'une « part elle détruit l'oïdium lorsqu'elle entre en contact avec lui,* « d'autre part sa forme de poussière très-fine, qui permet d'en « envelopper, par une simple dispersion, tout le cep en végé- « tation, et sa volatilité aux températures journellement pro- « duites, en été, sur la terre et sur les surfaces vertes expo- « sées au soleil, assurent son action sur les germes malfaisants. « Elle jouit, en outre, de la propriété aussi remarquable « qu'inattendue, *de stimuler la végétation de la vigne,* et elle « lui communique ainsi la vigueur nécessaire pour vaincre « les attaques du parasite.

« Les sulfures de chaux, de soude, de potasse, qui dé- « truisent très-bien l'oïdium au contact, ne sont point vola- « tiles, comme le soufre. Ils n'ont point, comme lui, la « propriété de pénétrer, sous forme de vapeur, partout où les « autres poussières n'arrivent pas, et de renouveler leur « action curative, en se vaporisant tous les jours un peu. Ils « ont le grave inconvénient, s'ils passent dans le vin avec « les raisins, de lui donner un mauvais goût, dont on ne « peut pas toujours le débarrasser. »

« Les mélanges de soufre et de poussière, tels que des terres « pulvérisées, du charbon, de la chaux, etc., ont l'inconvénient « de neutraliser plus ou moins l'action du soufre ; on s'expose « à n'obtenir, par ce moyen, que des effets incomplets. On « peut même nuire aux qualités du vin, si les mélanges aux- « quels on a recours sont capables de former des sulfures « solubles dans le vin. »

Action du soufre sur l'Oïdium.

« L'observation directe par le microscope permet de voir « que les grains de fleur de soufre *font périr l'oïdium lorsqu'ils « entrent en contact avec lui.* Une condition, toutefois, paraît « nécessaire, c'est que la température s'élève à 20 degrés « centigrades *lorsque le contact s'opère.* Or, cette condition « est toujours remplie dès le moment où les bourgeons com- « mencent à pousser, en avril et en mai, lorsque le soleil vient « les éclairer dans la journée. Plus tard, dans les jours d'été, « la température dépasse presque toujours cette limite, même « à l'ombre »

A un doute de ma part, exprimé relativement à la température qui existe dans nos contrées en avril et en mai, M. Marès m'a répondu, dans une lettre du 26 décembre 1862, que *la température suffisante pour faire pousser la vigne en mai suffit aussi pour donner au soufre une action convenable.* Voici en quels termes il s'exprime à cet égard :

« Comme l'oïdium ne se propage, ne se développe rapide- « ment que si la température s'élève de 25° à 35°, une semblable « chaleur assure l'action du soufre contre tout accroissement « de la maladie. Lorsque la température est trop basse, le « soufre n'agit pas sensiblement, et, si la pluie ou les vents « l'enlèvent des surfaces où il a été déposé, il faut en remettre « de nouveau. L'action du soufre sur l'oïdium se produit

« assez vite, mais elle ne devient apparente qu'au bout de « quelques jours.

« Lorsque le soleil frappe les parties malades couvertes de « soufre, l'action est beaucoup plus énergique et plus rapide ; « elle est apparente dès le second jour, et souvent plus tôt. « Cet effet provient de la chaleur qui accompagne les rayons « solaires.

« Un soufrage bien fait, qui atteindra toute la surface de la « vigne, détruira donc l'oïdium ; mais, comme la vigne pousse « continuellement et que le raisin grossit tous les jours, que « le vent et la pluie enlèvent sans cesse un peu de soufre des « surfaces sur lesquelles il était déposé, celles-ci se trouvent « bientôt dégarnies et exposées à de nouvelles attaques ; alors « l'oïdium reparaît encore et attaque la vigne comme la pre- « mière fois. Cet effet se produit ordinairement pendant l'été, « après un intervalle de 20 à 25 jours ; enfin, il peut arriver « que l'oïdium ne reparaisse plus d'une manière sérieuse, « surtout lorsqu'il fait un temps soutenu, très-sec et très- « chaud, et que le soufre reste longtemps sur la terre et les « diverses parties du cep. Quand la terre est très-humide à « l'intérieur, que sa superficie est desséchée, durcie, couverte « de mauvaises herbes, et qu'une forte chaleur succède à de « grands vents, comme en 1862, l'oïdium reparaît encore plus « vite ; ainsi, en 1862, cette température a exigé, dans le « Midi, de 5 à 7 *soufrages*, au lieu de 4 au plus qui avaient « été donnés dans les années précédentes.

« La haute température que produit, en été, l'action ver- « ticale du soleil, vaporise le soufre d'une manière sensible. « Il répand alors une odeur très-vive, qu'ont certainement « remarquée toutes les personnes qui l'ont employé dans « leurs vignes. C'est le soufre tombé à terre, pendant l'opéra- « tion du soufrage, qui subit plus particulièrement l'effet de « la chaleur et qui se réduit en vapeur, parce que l'action du « soleil échauffe beaucoup plus le sol que le feuillage. Il en

« résulte que le soufre répandu à terre, et qui d'abord semble « perdu, produit au contraire les effets les plus heureux et « les plus continus, en se réduisant journellement en vapeur, « sous l'influence de la chaleur solaire. Ses molécules pé- « nètrent ainsi dans une foule de points du feuillage et des « fruits qu'elles n'auraient point atteints. Je me suis assuré « que ce n'est point à l'acide sulfureux ou à l'acide sulfu- « rique, qui se trouvent en petite quantité dans la fleur de « soufre, qu'est due son action sur l'oïdium. On en obtient « les mêmes effets après l'avoir lavée ; on les obtient encore « en se servant de soufre en canon bien pulvérisé et passé, au « moyen de toiles métalliques, ou d'un moulin à bluter, d'une « très-grande finesse ; celles des numéros 120 sont les moins « fines qu'on puisse employer. »

Caractères des Fleurs de soufre, du soufre sublimé et des soufres triturés.

Les poudres de soufre qu'on trouve dans le commerce sont désignées, selon leur mode de fabrication, sous les noms de *soufre sublimé* et de *soufre trituré*. Le cours actuel du soufre trituré, pris en gare de Montpellier est de 20 francs les 100 kilogrammes, et de 26 fr. le soufre sublimé, en première qualité. Les opinions sont très-divisées sur celle des qualités qui mérite la préférence. MM. de la Vergne, Marès, Bouchereau, Henri Bouchet, Téchenez, Cazalis-Allut, préconisent l'emploi du soufre sublimé ; mais du côté de Narbonne et de Béziers, soit par économie, soit en raison du poids, ou pour toute autre cause, les petits propriétaires emploient le soufre trituré. C'est l'expérience que chacun de nous pourra en faire en Touraine qui donnera la solution de cette question de préférence.

Dans son Manuel, M. Marès entre dans de grands développements sur la qualité du soufre, sur la meilleure méthode pour en éprouver la valeur. Le cadre de ce travail est beaucoup trop restreint pour nous permettre de le suivre dans ces détails scientifiques. Nous nous bornerons à engager ceux de nos concitoyens qui voudraient étudier à fond cette importante question, à acheter l'ouvrage du savant viticulteur de Montpellier.

Soufrage des Vignes malades.

« Le soufrage des vignes est une opération qui consiste à « répandre sur leur feuillage et leurs fruits du soufre réduit « en poudre fine.

« La fleur de soufre obtenue par sublimation est ordinaire- « ment, ainsi qu'on l'a vu au chapitre précédent, l'état du « soufre le plus convenable pour cet usage.

« Trois conditions sont nécessaires pour assurer les bons « effets du soufre sur les vignes malades :

« 1° Le soufrage doit être pratiqué dès qu'on voit l'*oïdium « commencer à paraître sur la vigne. On empêche ainsi le para- « site de s'établir sur les fruits et les autres parties vertes des « ceps, de troubler leur végétation et d'altérer leurs tissus*;

« 2° Le soufrage doit être renouvelé chaque fois que « l'oïdium envahit de nouveau la vigne et dès sa réapparition. « On continue ainsi d'agir par le soufre sur les ceps, et on em- « pêche les mauvais effets que ne manquerait pas de produire « une nouvelle invasion de la maladie ;

« 3° Les soufrages doivent être faits et s'étendre sur toutes « les parties des ceps attaqués. Ainsi, il ne suffit pas de soufrer « les raisins malades seulement, *il faut soufrer les sarments, « les feuilles et le fruit, en un mot, toutes les parties vertes.* « Quand on trouve sur une souche un bourgeon malade, on « peut être convaincu *que tous les autres portent sur eux les « germes de la maladie*; pour les détruire, il faut les atteindre « avec de la poudre de soufre.

« Le principe fondamental du soufrage des vignes malades « se résume donc ainsi : *Répandre la poussière de soufre sur « toutes leurs parties vertes dès les premiers symptômes de la « maladie, et en renouveler l'application chaque fois qu'elle re- « paraît sur les ceps.*

« C'est surtout au début de la végétation qu'il faut préserver « les vignes des atteintes de la maladie. Dans ce cas, les « moindres retards sont funestes, car les bourgeons attaqués « à cette époque sont si jeunes et si faibles, qu'ils n'ont aucune « force de résistance ; ils s'étiolent, se rabougrissent et sont « bien vite perdus. Aussi la maladie est-elle ordinairement « d'autant plus intense qu'elle est plus précoce. Les carignans « et les picardans, cépages qu'elle envahit les premiers et de « préférence, dans le Midi, en sont un exemple. » Pour les vins rouges, en Touraine, les massé doux, les gros-noirs, les malvoisies, doivent être dans les mêmes conditions de précocité maladive, et formeront les moniteurs dans nos vignobles.

« Les propriétaires qui feront soufrer leurs vignes doivent « s'assurer eux-mêmes que les conditions dans lesquelles les « soufrages doivent être pratiqués auront été bien remplies. C'est « une opération pour laquelle l'œil du maître est nécessaire.

« On peut employer le soufre à toute heure du jour, *pourvu « qu'il ne pleuve pas;* il est indifférent que les surfaces sur les- « quelles on le projette soient sèches ou humides, il n'en exerce « pas moins son action ; pourvu que la température ne soit pas « inférieure à 20° *centigrades, il détruira l'oïdium partout où il « sera en contact avec lui.* » Je l'ai déjà dit, cette température existe toujours dans les régions tempérées, lorsque la maladie commence à paraître et que l'on doit commencer à soufrer les vignes malades. « Cependant, les meilleures conditions pour « l'emploi du soufre, et pour que son action soit prompte et « vive, *sont un jour sec et chaud, un soleil brillant, un vent « léger qui aide à sa dispersion, sans gêner pourtant l'opération, « des surfaces sèches pour le recevoir.* »

Manière de répandre le Soufre sur les vignes. Des instruments les plus propres à cet usage.

« On peut, à la rigueur, jeter le soufre sur la vigne sans « instrument, en le prenant dans un sac avec la main, ou en « le secouant dans une toile claire, au-dessus des pampres; on « peut aussi employer un tamis, le soufrage n'en est pas moins « efficace, s'il est fait avec soin. Mais on use ainsi, inutilement, « une grande quantité de matière; l'opération devient très- « incommode et le vent, quand il souffle un peu fort, l'arrête « entièrement; il est donc important d'adopter un bon instru- « ment de soufrage. Il est utile d'avoir, outre des poudres par- « faitement divisées, un instrument convenable; on réalisera « ainsi une grande économie de soufre. »

Les instruments de soufrage doivent satisfaire aux conditions suivantes :

« 1° Lancer la poussière du soufre assez loin, et la diviser « uniformément, de manière à ne pas faire de grumeaux;

« 2° Pouvoir augmenter ou diminuer à volonté l'épaisseur « du nuage de poussière;

« 3° Ne pas être incommode pour la personne qui le manie;

« 4° Accélérer le travail;

« 5° Être d'un maniement facile, et susceptible d'être ma- « nœuvré indifféremment par un homme, une femme, ou des « enfants d'une douzaine d'années;

« 6° Être solide et ne point exiger de réparation;

« 7° Être d'un prix peu élevé.

« Jusqu'à présent, les instruments mis en pratique ne réunis- « sent point complètement ces diverses conditions; mais, s'ils « n'ont pas encore atteint le degré de perfection des outils « passés par l'épreuve d'une longue expérience, ils peuvent « néanmoins rendre de bons services. »

Ces instruments sont les suivants :

« 1° Le soufflet à boîte, dont on s'est servi d'abord. Il a le « grave inconvénient de faire sortir beaucoup de soufre en « grumeaux ; de n'en tenir qu'une petite provision, ce qui « entrave le travail; d'être lourd, fatigant à manier, et d'être « mis facilement hors de service.

« 2° *Le soufflet Vergnes* l'a remplacé avec avantage, surtout « depuis qu'il a été perfectionné lui-même par *M. Granal, fer-« blantier à Béziers, rue Napoléon.* Ce perfectionnement a pour « but : 1° de diminuer la dépense du soufre : 2° de diminuer « l'effort de son maniement ; 3° de prolonger sa durée par une « confection soignée. »

Le soufflet Vergnes est de la forme d'un soufflet ordinaire dont on a supprimé la soupape et dont on fait servir la cavité comme réservoir pour la poussière. A la base de la tuyère, on place une toile de fer à mailles larges et à gros fils étamés ; on empêche ainsi le soufre de sortir par grumeaux, et on évite l'effet destructif qu'il exerce sur la toile métallique. L'entrée et la sortie de l'air se font par la tuyère : cette dernière doit avoir à la base un diamètre assez fort et être légèrement conique.

Un trou de $0^m,05$ de diamètre est pratiqué sur la plaque supérieure du soufflet, c'est l'ouverture par laquelle on introduit la poussière ; on la ferme ensuite avec un fort bouchon. La charge d'un soufflet ordinaire est en moyenne d'un demi-kilogramme de fleur de soufre (1) et on peut soufrer avec cette

(1) Sur l'emploi de son soufflet, M. Granal donne les instructions suivantes : « Il faut mettre le soufre bien sec dans le soufflet, on le tient ensuite de préfé-« rence sur le côté ayant le bouchon sur la droite, puis on le met en jeu à la « manière des soufflets ordinaires, tenant la tuyère légèrement inclinée, et lorsque « le soufre ne sort plus en assez grande quantité, il convient de retourner en-« tièrement le soufflet pour que le bouchon, qui se trouvait d'abord sur la droite, « vienne à gauche, ce qui permet au soufre de se diviser continuellement en « passant à travers la série de pointes établies dans l'intérieur et à la personne « qui se sert de cet instrument de se délasser par ce changement de main, « avantage immense qu'on n'obtient qu'avec ce système de soufflet. Pendant

charge environ *cinquante souches vigoureuses*, telles qu'elles sont au mois de juillet, et lorsque les sarments se croisent et couvrent le sol presque en entier; cette proportion admet qu'une femme munie d'un soufflet, peut soufrer par jour de travail effectif *deux mille souches,* en avril et dans la première quinzaine de mai. Dans le mois de juin, si les vignes sont fortes, elle peut encore soufrer de *huit cents à mille souches.* En juillet et en août, elle n'en fait guère que *six à sept cents*, surtout lorsqu'il faut chercher le raisin dans les vignes les plus fortes, à sarments rampants, comme les aramons (il arrive souvent que ce cépage a des verges de *quatre à sept mètres*). Elle peut en faire *mille souches* et souvent plus, dans les vignes à sarments érigés et attachés à des échalas.

On doit éviter avec soin de trop remplir les soufflets, parce qu'alors ils ne peuvent plus jouer et crèvent très-vite près de la charnière.

Les avantages du soufflet que je viens de décrire sont :

1° D'être moins cher que le soufflet muni d'un réservoir en ferblanc entre le corps de l'instrument et la tuyère;

2° D'être plus maniable, parce que tout le poids est dans la main ;

3° De pouvoir être garni d'une provision de soufre plus forte et par conséquent de rendre le travail moins coûteux ;

4° De mieux répandre et lancer le soufre, qui, étant incessamment mis en mouvement par l'entrée et la sortie de l'air dans le même canal, est plus divisé et fait moins de grumeaux.

« ces derniers mouvements il est essentiel de tourner le soufflet horizontalement
« afin que le soufre ne se porte pas avec une trop grande quantité sur le devant,
« ce qui pourrait occasionner l'engorgement des grilles, Afin d'éviter ce désagré-
« ment, il suffit de démonter de temps en temps la tuyère qui est mobile, afin
« de la dégager de tous les corps étrangers qui pourraient s'y trouver et par
« cette précaution maintenir les grilles dans un bon état de propreté et libres.
« Ces soufflets sont vendus avec deux tuyères, dont une avec grille sur le devant
« pour les opérations de mai, l'autre s'emploie de préférence pour les derniers
« jours de juillet et août, lorsque la vigne a atteint une plus grande végétation. »

Il faut, dans la construction de ces soufflets, n'employer pour la garniture que d'excellente peau, très-forte ; celle de qualité commune est bientôt percée par l'usage et corrodée par le soufre. On répare d'ailleurs très-bien et très-économiquement les trous de la garniture, en collant dessus avec de la colle-forte des pièces de peau de dimension suffisante. Les soufflets ainsi réparés n'en deviennent que plus solides. Ces soufflets ont toutefois l'inconvénient de laisser sortir encore du soufre en grumeaux et de se percer souvent sur la garniture de peau, ce qui met l'instrument hors de service.

3° Les boîtes percillées.

La boite percillée simple est une boîte de forme légèrement conique, munie, vers son extrémité, d'un double fond plus large, percillé, pour tamiser et laisser échapper la poussière du soufre. La partie la plus étroite porte un couvercle mobile, qu'on ouvre quand on veut charger l'instrument. Cette boîte, le plus simple et le moins cher des instruments de soufrage, a le grand avantage de ne se déranger jamais ; mais elle a de nombreux inconvénients : elle est fatigante et gênante pour l'ouvrier, expédie peu de besogne, disperse très-mal la poussière, ne la laisse tomber qu'en grumeaux, et occasionne, comparativement aux soufflets, une dépense de matière considérable. De tous les instruments employés, c'est celui qui rend le soufrage le plus coûteux et le moins expéditif. Les petits propriétaires du Midi l'emploient néanmoins de préférence aux soufflets, à cause de la modicité de son prix et du peu de réparations qu'elle exige. Il peut être avantageux, surtout dans les deux premiers soufrages.

4° *La boîte à houppe* est connue dans notre département; elle a l'inconvénient de ne pouvoir être maniée qu'avec une très-petite quantité de soufre, autrement elle s'engorge par un temps humide, et la poussière ne peut plus sortir. Aussi faut-il la garnir très-souvent, ce qui retarde le travail.

5° La brosse Marsal est plutôt destinée à être employée par

des hommes que par des femmes ou des enfants, elle est difficile à manier et d'un prix assez élevé.

Entre tous ces instruments, M. Marès emploie de préférence le soufflet Vergnes, perfectionné par M. Granal, ferblantier à Béziers.

6° Pour avoir au complet les instruments pour le soufrage des vignes, il est nécessaire à l'opérateur d'avoir une boîte en fer blanc attachée aux épaules par une courroie en bandoulière, afin de la déplacer facilement et de fournir rapidement la matière aux soufreurs.

7° Un petit godet en ferblanc est utile pour mettre le soufre dans le soufflet.

8° On doit ajouter pour chaque soufreur une paire de lunettes destinées à préserver les yeux du contact du soufre, car ce contact peut devenir dangereux, si on ne prend pas quelques précautions.

9° Dans les grandes exploitations, il est nécessaire d'avoir un moulin à bluter la poussière de soufre, au moyen de toiles métalliques d'une grande finesse; celles du n° 120 sont les moins fines qu'on puisse adopter.

De l'époque à laquelle il faut pratiquer le soufrage.

D'après le manuel de M. Marès, je crois devoir signaler aux viticulteurs de nos contrées le cépage appelé *carignan* dans le Midi, cépage qui doit avoir pour la précocité de la maladie les mêmes inconvénients que le massé doux, le gros-noir, la malvoisie des vignobles du centre. Pour guérir la maladie de la vigne, sur tous ces cépages ayant les mêmes caractères, il y a nécessité absolue d'employer les mêmes moyens de guérison que dans le Midi, si on veut atteindre les mêmes résultats. Par expérience, je dirai donc, avec M. Marès, que si l'opinion des cultivateurs les plus éminents s'est tant divisée sur l'efficacité du soufre contre la maladie de la vigne, c'est que, pour obtenir de cet agent tous ses bons effets, il faut l'appliquer à un moment déterminé, qui peut varier selon le climat et le cépage; c'est faute d'avoir opéré à propos ou d'avoir suffisamment renouvelé les soufrages qu'on n'a pas réussi.

Le moment à saisir est, je le répète, *celui où les premiers symptômes de la maladie se déclarent sur les ceps;* si l'on attend trop longtemps et si l'on a laissé l'oïdium s'établir fortement sur la vigne, on ne le guérira jamais complètement. Sur certains cépages les raisins seront détruits; sur d'autres ils seront profondément altérés, ils deviendront bruns, se fendront à l'époque de la maturité, etc. *Alors on dira que le soufre n'a aucune action sur l'oïdium, qu'on n'y croit pas et qu'il vaut mieux ne rien faire*, etc. L'habitude de voir des vignes malades apprend bientôt à saisir le moment favorable; toutefois, voici comment on peut le reconnaître et l'on doit opérer, pour les principales espèces du Midi. Pour point de comparaison et de démonstration, M. Marès a pris les carignans.

Je cite textuellement :

« De toutes les variétés des cépages, le carignan est celle « que la maladie attaque de préférence ; dans un très-grand- « nombre de cas, il est infesté le premier par l'oïdium, puis « il infeste plus tard les autres variétés d'une manière désas- « treuse. Sous ce rapport, il peut être considéré comme *un* « *porte-graine* du champignon parasite. C'est lui qui répand « et dissémine la maladie aux époques où elle est plus parti- « culièrement dangereuse. Il mérite donc une attention parti- « culière, car il a l'avantage d'être d'une fertilité et d'une « précocité extraordinaires. Chez les carignans ou bois durs « atteints de maladie, on commence à trouver çà et là des « bourgeons atteints d'oïdium dès le mois d'avril, quelques « jours après leur sortie. Ces bourgeons sont couverts en « entier ou partiellement d'une poussière blanchâtre ou grise, « douée d'une odeur de moisissure caractéristique. Il faut à

« cette époque les chercher avec soin pour les apercevoir, car « ils sont encore très-jeunes, relativement peu nombreux, « et ils ne frappent point la vue si elle n'est pas exercée à « bien les connaître. Ainsi telle vigne de carignan paraît en « bon état aux yeux d'un observateur peu attentif, qui est « cependant toute infestée de maladie et déjà très-attaquée. « A cette époque, avril et premiers jours de mai, les vignes de « carignan atteintes de maladie n'ont point encore la couleur « jaune et maladive qu'elles prennent plus tard, lorsque « l'oïdium les envahit.

« Dès qu'on aperçoit de jeunes bourgeons malades, il faut « appliquer un soufrage et *impitoyablement enlever et sacrifier « ceux qui sont entièrement oïdiés*. On pourrait à la rigueur « les guérir, mais ils sont tellement altérés qu'ils restent « toujours rabougris et ne peuvent plus donner que des pro- « duits insignifiants.

« Dès cette époque de mai, si le soleil frappe quelques « heures la vigne soufrée, ou si le soufre reste 48 heures « sur la vigne sans être enlevé par la pluie, l'effet est produit; « il ne devient évident que plusieurs jours après. On recon- « naît alors que les bourgeons ont perdu l'odeur particulière « de moisi qui accompagne l'oïdium et qui caractérise la « maladie; en examinant avec attention les jeunes feuilles, « on voit que les taches blanches sont devenues grises, « qu'elles ne sont plus accompagnées de poussière et qu'elles « ont ainsi perdu leur odeur. La maladie est alors enrayée « *pour trois ou quatre semaines environ*. Au bout de ce temps « les bourgeons ont grandi; si l'on s'aperçoit que la vigne « prend une teinte maladive, que les jeunes feuilles de leurs « extrémités se couvrent, sur leurs revers et autour de leurs « découpures, de tâches blanches, qu'elles se cripsent légère- « ment, on peut être sûr que la maladie ne tardera pas à faire « une nouvelle irruption. Alors il faut encore appliquer un « soufrage général sur les sarments, les feuilles et les

« raisins, il agira comme le premier, s'il fait assez chaud et « si une pluie ne l'emporte pas immédiatement. Son effet, si « le soufre reste quelques jours sur les ceps, durera *au moins* « *trois semaines.*

« La surveillance devra continuer à partir de cette époque; « on appliquera un troisième, puis un quatrième, enfin un « cinquième soufrage, si c'est necessaire.

« Le carignan est un des cépages sur lesquels la maladie « prend le plus d'intensité, mais c'est un de ceux que l'appli- « cation du soufre, faite à temps, préserve le mieux. Sous son « influence il donne de magnifiques produits.

« En 1855, j'ai préservé mes carignans les plus attaqués, par « *cinq soufrages* appliqués aux époques suivantes : 2 mai, « 19 mai, 5 juin, 9 juillet, 14 août. Dans les terres plus « profondes, la maladie ayant été moins précoce, *trois soufrages* « *pratiqués à la fin des mois de mai, juin et juillet* ont suffi. « En 1854 la maladie fut moins précoce et quatre soufrages « suffirent. »

Ce cépage n'est pas cultivé dans les contrées du centre il a besoin des hautes températures du Midi.

M. Marès a observé par comparaison, chaque année, depuis 1855, les vignes soufrées en 1854, 1855, 1856 et 1857, et celles qui ne l'ont pas été; dans les unes comme dans les autres, l'oïdium a paru à la même époque et avec la même intensité. « En 1854, dit-il, j'ai soufré plusieurs vignes du 7 au 17 « août; c'était assez tard pour que l'opération eût un caractère « préservatif; cependant dès le mois de mai j'ai trouvé des « bourgeons oïdiés dans ces vignes. L'emploi du soufre, qui « a suffi pour combattre la maladie de la vigne et en paralyser « les effets, ne l'a donc pas fait disparaître pour l'année « suivante. *Ainsi le soufre employé d'une année à l'autre n'est* « *point préventif de la maladie.* Il ne l'est pas davantage, « employé au début de la végétation de la vigne; la preuve « c'est qu'il faut assez fréquemment en renouveler l'usage si

« l'on veut en obtenir de bons résultats. Cette remarque si « simple suffit pour démontrer combien est peu fondé l'em- « ploi du soufre *comme préventif et combien les prétendues* « *méthodes préventives du soufrage méritent peu ce nom.* Ceux « qui les emploient n'ont jamais empêché l'apparition de « l'oïdium sur leurs ceps ; ils en combattent les effets, comme « par les méthodes rationnelles, avec cette différence qu'ils « emploient, sans motifs, beaucoup plus de matière. *Le soufre* « *est simplement un agent destructeur par excellence de l'oïdium*; « ainsi qu'on l'a vu plus haut, *ce dernier meurt quand il est* « *mis en contact avec lui.* A part l'impulsion qu'elle donne à la « végétation de la vigne, l'action du soufre contre l'oïdium « *est donc curative.* La vigueur des vignes soufrées, qui se re- « connaît facilement à la couleur vert foncé des feuilles et à « leur conservation tardive sur le bois, provoque généralement « chez elles, l'année suivante, une sortie de fruits plus abon- « dante que dans celles qui ont souffert de la maladie, dont « les teintes des feuilles restent souvent jaunes une partie de « l'année. Il est bien reconnu aujourd'hui que les bourgeons « de ces derniers présentent à la pousse une quantité de « raisins beaucoup moindre que lorsqu'elles sont dans leur « état normal. »

Préceptes à observer en appliquant le soufre aux vignes malades, par M. Marès.

« 1° Les vignes atteintes par l'oïdium doivent être cultivées « avec un soin particulier; *qu'on n'y voie pas d'herbes*, *que la* « *terre soit toujours meuble.* Tout ce qui affaiblit la végétation « favorise l'action de la maladie, par exemple une mauvaise « taille, des labours trop rares ou mal faits, l'érosion des « terres en pente, etc. L'invasion du champignon parasite « trouble profondément la végétation des ceps, il faut les

« ranimer par la culture tout en faisant disparaitre le parasite « par le soufre. On obtiendra de cette manière les effets les « plus complets.

« Si l'on fume une vigne malade, il faudra la cultiver et la « soufrer avec un soin particulier.

« 2° Il vaut mieux pratiquer un soufrage trop tôt que trop « tard.

« 3° Les soufrages pratiqués au moment de la floraison « m'ont paru les plus efficaces; ils paraissent en outre « exercer une action salutaire sur cette phase de la végétation. « J'ai cru observer, en 1854 et en 1855, que les vignes dans « lesquelles ils ont été appliqués à cette époque ont toujours « mieux noué leurs grains que les autres. J'ai renouvelé la « même observation en 1855, elle a été confirmée la même « année par les expériences particulières de M. Cazalis-« Allut (1). Aussi ce fait important me paraît-il hors de doute « aujourd'hui, et mérite-t-il prendre place parmi ceux qui « intéressent le plus la viticulture.

« Ils détruisent l'oïdium au moment où il exerce sur les « raisins les plus grands ravages, et leur effet est alors d'autant « plus puissant. Il n'est pas de vigneron qui n'ait vu, certaines « années, les grappes de raisin disparaître en quelques jours, « lorsqu'elles sont prises de l'oïdium à la floraison.

« La présence du soufre prévient ce désastre.

« 4° Tout soufrage doit être soigneusement fait, et « atteindre toutes les parties des ceps, sarments, feuilles et « fruits. On ne doit pas chercher à épargner la fleur de soufre, « c'est une mauvaise économie. On doit lancer la poussière sur « la souche, soit en tournant autour, soit en se plaçant dans « deux directions opposées. Un soufrage est bien fait lorsque « prenant un raisin ou une feuille quelconque et les regardant « à contre-jour, on distingue sur eux des grains nombreux de

(1) *Mélanges de viticulture, d'œnologie et d'agriculture*, par Cazalis-Allut, 1859.

« poussière fine. Il ne faut jamais perdre de vue que le soufre « ne détruit l'oïdium que lorsqu'il est mis en contact avec lui.

« 5° Lorsqu'une vigne vient d'être soufrée, il est conve- « nable d'attendre quelques jours, au moins, avant de lui « donner un labour. Le soufre en poudre, tombé sur le sol, « se volatilise en partie lorsqu'il est frappé par un soleil « ardent, et vient se condenser sur les parties ombragées de la « vigne; il pénètre ainsi journellement dans une foule d'abris « où la simple dispersion de la poussière ne l'aurait point « porté. Si l'on enfouissait le soufre en poudre par un labour, « on perdrait les avantages considérables qu'on retire de sa « présence sur le sol échauffé par le soleil.

« 6° Si la pluie vient à laver un soufrage le jour même où « il est pratiqué, on peut sans crainte mettre quelques jours « d'intervalle entre ce soufrage et celui qui doit le suppléer; « malgré la pluie, les effets du premier sont notables, pourvu « que la température atteigne de 20 à 25 degrés centigrades. « Dès que la vigne est bien feuillée, au mois de juillet, par « exemple, de fortes pluies n'empêchent pas l'action du soufre. « Ainsi, dès le mois de juillet, la pluie qui survient après le « soufrage n'a pas d'inconvénient. Dans les mois de mai et « juin, elle en a moins qu'on le croirait d'abord.

« 7° Les conditions les plus propres à favoriser l'action du « soufre sont : un temps sec et chaud, un soleil brillant. « Néanmoins le soufrage peut être fait par tous les temps, et « rien ne doit l'arrêter quand il est urgent, *si ce n'est la pluie.* « Le vent ne doit pas l'empêcher, lorsqu'on juge qu'il doit « être pratiqué sans délai. J'ai soufré des vignes peu garnies « et au mois de juin, par de grands vents, et je m'en suis « bien trouvé. Il faut s'attendre alors à employer un peu plus « de matière que par un temps calme; mais cette considé- « ration est insignifiante quand l'opération est urgente.

« 8° On ne peut bien juger de l'effet du soufrage que dix « jours environ après son application; il faut, en effet, donner

« à la végétation le temps de reprendre sa marche normale « et de se développer de nouveau. Une pluie survenue quel- « ques jours après le soufrage en rend les bons effets d'autant « plus sensibles ; toute la vigne prend une verdeur et un « brillant remarquables, les feuilles semblent vernies.

« 9° Le soufre n'est point *un préventif de la maladie*, il ne « l'empêche pas de se produire, puisqu'il faut réitérer le sou- « frage à intervalles assez régulièrement espacés. Si l'on veut « procéder avec l'économie qu'exige une opération agricole « qui prend de grandes proportions, il convient d'attendre « les premiers symptômes de maladie pour y avoir recours. « C'est d'après ce principe qu'il faut se guider pour ne point « s'exposer à en faire un emploi inutile.

« 10° Après le 10 août, sous le climat de Montpellier, l'effet « d'un soufrage sur les variétés de vigne rouge très-envahies « est peu appréciable pour la conservation du raisin.

« 11° Lorsque les raisins sont arrivés à l'époque de la « véraison *(du verdelet, ainsi qu'on l'appelle dans nos « contrées)*, sans être attaqués par l'oïdium, ils sont à l'abri « de ses atteintes. Si les raisins sont déjà envahis par l'oïdium « lors de la véraison, il continue sur eux ses ravages. Ce qui « précède explique pourquoi les soufrages pratiqués vers la « fin de juillet, *et faits à propos*, conduisent les raisins jusqu'à « la récolte à l'abri des atteintes de la maladie. C'est un fait « confirmé par l'expérience depuis l'apparition de la maladie « de la vigne. »

L'époque de la véraison varie, dans le département de l'Hérault, suivant les années, les cépages et leur exposition, du 5 au 25 août ; et dans celui d'Indre-et-Loire, pour les vins rouges, du 10 septembre au 10 octobre, et beaucoup plus tard pour les vins blancs, surtout sur les coteaux de Vouvray.

De la quantité de soufre nécessaire pour le traitement des vignes malades.

M. Marès a employé, par hectare, les quantités de soufre suivantes : les vignes, étant plantées de deux en deux mètres, présentent environ 5,000 souches à l'hectare.

Compte de dépense par hectare; premier soufrage, celui du mois de mai.

« Fleur de soufre, 15 kilog., à 0 f. 27 c.	4 f. 05	6 f. 05
« Journées de femme à huit heures de « travail effectif, de deux femmes, à 1 fr.	2	

« Ce compte de dépense est variable selon la « vigueur des vignes, suivant le prix du soufre et de « la main-d'œuvre.

Soufrage du mois de juin (du 15 au 30).

« Fleur de soufre, 50 kilog., à 0 f. 27 c.	13 f. 50	18 f. 50
« Journées de femmes, de 4 à 5, à 1 f.	5	

Soufrage du mois de juillet.

« Fleur de soufre, 70 kilog., à 0 f. 27 c.	18 90	25 90
« 7 journées de femmes, à 1 fr. . . .	7	
« à l'hectare, en moyenne, pour le soufrage . . .		50 f. 45

« Dans la plupart des vignes, le soufrage de juillet ne coûte « pas plus qu'en juin ; avec trois soufrages, la quantité de « soufre employée variera de 100 à 150 kilogr. de soufre par « hectare ; ce dernier chiffre est un maximum qu'on atteindra « rarement, car dans les vignes ordinaires on ne dépasse pas le « chiffre de 100 kilogr., si ce n'est dans des années exception-

« nellement défavorables, comme celle de 1862, où cinq et six « soufrages ont à peine suffi pour guérir la maladie. C'est donc « ce dernier chiffre de 100 kilogr. qu'il faut adopter pour « calculer la consommation moyenne du sublimé du commerce « par chaque hectare de vigne soumis au soufrage. Si l'on em- « ploie des soufres de qualité supérieure, ce chiffre pourra être « réduit dans une forte proportion ; mais il faudra considéra- « blement l'augmenter lorsqu'on se servira de soufres ne don- « nant que des titres inférieurs.

« Lorsqu'on se sert de la fleur de soufre sèche et sans gru- « meaux, on la répartit mieux et l'on en use moins ; c'est donc « ainsi qu'il faut l'introduire dans les soufflets, pour éviter un « surcroît de dépense de matière et de main-d'œuvre. »

D'après mes renseignements pris dans le Midi et dans le Bordelais, il faut au moins de 100 à 120 kilogrammes de soufre par hectare pour trois ou quatre soufrages ; dans les départements du Centre, où les vignes rouges sont montées sur échalas et les blanches demeurent rampantes, mais sont bien moins touffues que dans le Midi, 100 kilogrammes devront suffire. Voici le chiffre approximatif des dépenses générales d'un hectare de vigne :

Les soufres doivent être achetés dans les grands entrepôts, soit à Marseille, à Narbonne, à Cette ou à Montpellier. J'ai choisi Montpellier pour Tours, parce que les frais de transport sont moindres. J'ai payé de très-bonne qualité de soufre trituré à raison de 20 fr. les 100 kilogrammes, et les sublimés au prix de 26 fr., ce qui établit ainsi le compte par hectare :

Soufre sublimé acheté à Montpellier	26 f.
Port du soufre de Montpellier à Tours, les 100 kilog.	7 50
Le salaire des femmes, en prenant pour base le prix des j^{nées} dans le Midi, pour un hectare, 14 j^{nées} à 1 fr.	14
Soit, pour trois soufrages par hectare.	47 f. 50

Les outils qui économisent le mieux le soufre, et qui sont solides et bien faciles à manier, sont : 1° le soufflet Vergnes, perfectionné par M. Granal, ferblantier à Béziers; 2° une boîte en fer blanc pouvant contenir 2 kilog., qui peut s'attacher à la ceinture par deux courroies; 3° un petit godet en ferblanc pour prendre le soufre et pour le mettre dans le soufflet, sans grumeaux; 4° une paire de lunettes pour garantir les yeux; on pourrait même avoir un masque avec lunettes, si c'était utile. Tous ces petits appareils pour le soufrage devront se trouver chez les quincaillers, à Tours.

J'ai résumé avec le plus grand soin le travail consciencieux de M. Marès pour le soufrage des vignes du Midi; je vais ajouter quelques mots, en présentant l'instruction publiée sur le soufrage de la vigne dans les cantons de Mercœur et de Beaulieu (Corrèze), par M. de la Vergne, propriétaire en Médoc et membre de la Société d'agriculture de la Gironde.

Je copie textuellement l'excellent travail de ce savant et très-habile praticien.

Principes établis par M. de la Vergne.

« 1° Toute vigne non défendue ou mal défendue, jusqu'à ce « jour, contre l'oïdium, si elle a perdu sa récolte les années « précédentes, la perdra encore cette année, à moins qu'elle « ne soit soufrée dès à présent (14 juin 1862), une fois éner- « giquement, et plusieurs fois ensuite, jusqu'à la véraison du « raisin.

« 2° Toute vigne qui sera soufrée dès à présent énergique- « ment, et toutes les fois ensuite que la moisissure nouvelle « commencera à se former sur quelqu'une des parties vertes « des ceps, conservera intacts tous les raisins dont les grains « ne sont encore ni fendus, ni enveloppés d'oïdium; les « feuilles de toute vigne ainsi traitées resteront saines jusqu'à « leur chute naturelle; la maturation du fruit se fera dans de

« bonnes conditions ; les ceps reprendront leur ancienne « vigueur et leur puissance de production, et pourront être « défendus l'an prochain plus facilement.

« 3° Tout grain de verjus fendu ou enveloppé de moisis- « sure doit être considéré comme perdu.

« 4° Tout verjus dont les grains ne sont ni fendus, ni en- « tièrement enveloppés de moisissure, peut encore être « sauvé.

« 5° Tout pied de vigne dont *aucune partie verte* ne pré- « sente encore de moisissure peut être entièrement et par- « faitement conservé.

« 6° Tout pied de vigne qui ne présente de la moisissure « que çà et là sur quelques petits points des grains de verjus, « et depuis très-peu de jours, peut être sauvé. »

Préceptes indiqués par M. de la Vergne.

« 1° Soufrez immédiatement, si le temps est chaud et sec, « toute vigne sujette à l'oïdium qui n'a pas été soufrée cette « année le 4 juin 1862, ou qui ne l'a pas été sous un beau « soleil depuis quinze jours.

« 2° *Marquez d'un trait de peinture blanche, ou par tout « d'autre moyen, les ceps dont les parties vertes sont déjà très- « enfarinées,* et dans huit ou dix jours, si le soleil brille, « resoufrez-les ; vous aurez fait ainsi dans votre vignoble, au « bout de dix à douze jours, un soufrage *général* et un sou- « frage *partiel.*

« 3° Dans quinze ou vingt jours, c'est-à-dire vers la fin de « juin, vous exécuterez un second soufrage général ; vous en « exécuterez un troisième vingt jours après.

« 4° Surveillez assidument les pieds de vigne qui présente- « raient des bourgeons enfarinés dès le mois de mai, afin « d'avoir recours au soufre aussitôt que vous verrez sur

« quelqu'une de leurs *parties vertes* de la moisissure récem-
« ment formée ; ce sont des foyers d'infection qu'il faut abso-
« lument purifier.

« 5° N'attendez jamais, pour soufrer vos vignes, que la « moisissure se soit montrée généralement *sur toutes les parties* « *vertes* de tous les ceps.

« Si la moisissure était déjà ancienne au moment de l'opé- « ration, la poudre de soufre resterait suspendue, sans action, « au sommet des tigelles de l'oïdium, ou isolées des racines « par les poussières inertes que l'air pourrait y avoir dépo- « sées. Les tissus épidémiques des organes de la vigne pour- « raient ainsi avoir été déjà grièvement altérés.

« Lorsque vous apercevrez de la moisissure nouvellement « formée sur un cep quelconque, tenez pour certain qu'il est « en train de se reformer sur les autres ceps, et soufrez alors « et les ceps qui ont de la moisissure visible et ceux qui n'en « ont pas. Les pieds de vigne qui eurent les premiers de « l'oïdium lorsque le champignon parut sur votre vignoble, « en auront toujours les premiers. Ce sont des *moniteurs*, qui « vous avertiront chaque fois qu'un soufrage devra être exé- « cuté. Vous trouverez de ces *moniteurs* dans chacune de vos « pièces de vigne, pour chaque espèce que vous cultivez. « Marquez-les, afin de les retrouver facilement et de les con- « sulter à propos.

« Cette année, vous ferez peut-être quatre ou cinq sou- « frages pour sauver votre récolte, déjà trop négligée, et pour « mettre votre vigne en bonne voie de préservation pour « l'avenir ; mais l'an prochain, en suivant de bonne heure les « instructions que j'ai données, vous n'aurez besoin, dans « vos vignes, que de deux ou trois soufrages pour bien « préserver vos produits.

« 6° Un soufrage n'est réellement et complètement efficace « qu'autant que la fleur de soufre a pénétré dans tout le

« feuillage, de manière que *toutes les parties vertes, sarments,* « *feuilles et verjus,* en portent des grains assez rapprochés sur « tous les points de leurs surfaces.

« Il ne faut pas, certainement, que les vignes présentent çà « et là des masses de soufre, des placards jaunes. Bien que le « soufre ne puisse être nuisible, il ne faut pas le dépenser « mal à propos. Une vigne est bien soufrée lorsque, en re- « gardant à contre-jour une des parties vertes quelconques « d'un cep, on aperçoit de la poussière de soufre sur tous les « points de sa surface.

« 7° Au moyen du soufflet à cuillère recourbée, qu'on ma- « nœuvre en en présentant le bout successivement depuis le « plus bas jusqu'au plus haut du feuillage et tout autour du « cep, on pénètre et on enveloppe facilement d'un léger brouil- « lard de soufre toutes les parties qu'il est nécessaire de « défendre contre l'oïdium.

« 8° Il faut assurément diriger le brouillard de soufre par- « ticulièrement sur la partie du cep où est le raisin ; mais, « pour la santé de la vigne et pour la maturation du fruit, il « faut soufrer aussi tout le cep.

« 9° Exposez au soleil, dans un grand vase, et remuez la « fleur de soufre avant et pendant chaque opération ;

« 10° N'emplissez pas le soufflet, afin que le jeu en soit aisé « et que sa charnière ne se déchire pas.

« 11° Soufrez par petits coups rapides, et non par aspira- « tions lentes, suivies de violentes compressions.

« 12° Lorsque vous voulez suspendre l'insufflation, relevez « le soufflet, afin que le soufre n'engorge pas le canal et que « l'air l'entraîne facilement quand vous recommencerez à « souffler.

« 13° Agitez le soufflet, ou frappez-le de la main droite, sur « un de ses côtés, si le soufre a de la peine à se dégager.

« 14° Apportez surtout votre attention à suivre du regard le « brouillard du soufre, afin de vous assurer que le cep en soit

« bien pénétré et enveloppé, afin de vous apercevoir du mo-
« ment où il faut recharger le soufflet.

« 15° Lorsque vous finirez de soufrer votre vigne, vous
« chasserez du soufflet tout le soufre, et vous le remplacerez
« par un peu de cendre, afin d'éviter que le cuir ne soit trop
« tôt altéré. Vous placerez une petite baguette entre les deux
« manches, afin de les tenir écartés pendant que le soufflet
« restera au croc.

« 16° Ayez à votre disposition un petit bouquet de crins pour
« en frotter la grille de la tuyère, si elle venait à s'obstruer.

« 17° Ne craignez pas que l'action du soufre affaiblisse la
« santé ou diminue la durée de la vigne. La vigne qui a été
« soufrée la première dans le monde viticole a reçu trente et
« un soufrages depuis 1852. Elle est âgée de cinquante ans.
« C'est la plus belle de mon vignoble de Morange, en Médoc.
« Le soufre est pour la vigne un excellent engrais en même
« temps qu'il est son seul préservatif contre l'oïdium, contre
« divers insectes et qu'il l'aide à se débarrasser de beaucoup de
« maux.

« 18° Ne craignez pas pour vos vins, de la part du soufre,
« ni mauvaise odeur, ni mauvais goût. J'aurai soin de vous en-
« seigner avant les vendanges un moyen que j'ai fait connaître
« depuis longtemps pour éviter tous les défauts qu'on a repro-
« chés quelquefois aux vins des vignes soufrées.

« 19° Ne craignez pas la dépense, elle est peu de chose rela-
« tivement à la valeur du vin. »

Objections diverses présentées contre l'application du soufrage dans notre département.

Quoique ce travail soit déjà trop long, je ne puis me dispenser de répondre à quelques objections qui m'ont été faites sur l'impossibilité de soufrer la vigne dans nos contrées, *le sou-*

frage ne pouvant s'appliquer qu'aux treilles, pour les raisins de table, ou à une étendue de quelques ares seulement.

Je répondrai à cette première objection que j'ai visité pendant vingt jours les vignobles du Midi et du Bordelais, et que, grâce à l'obligeance de plusieurs propriétaires, et notamment au bon accueil qui m'a été fait au moment des vendanges, par M. Marès, membre de la Chambre consultative d'agriculture de l'Hérault, et propriétaire des grands vignobles de Château-de-Launac, communes de Saint-Saul et de Bourdalès, j'ai pu étudier sur place et constater par moi-même les effets de la maladie de la vigne, et l'efficacité du soufrage et des moyens employés pour la guérison.

Ce grand propriétaire, malgré une saison désastreuse, qui avait exigé, en 1862, six ou sept soufrages, devait récolter de 9 à 10,000 hectolitres de vin dans 150 hectares de vignes qui se trouvaient en valeur. Enfin, des petits propriétaires de cette commune, m'a-t-on affirmé, en soufrant trois ou quatre fois en 1860, aux époques citées plus haut, ont obtenu de 300 à 350 hectolitres à l'hectare; tous les paysans les plus endurcis par la routine, depuis cinq ans, s'étaient mis à soufrer leurs vignes et ils obtenaient comme les grands propriétaires, qualité et quantité. Aussi, en 1858, on comptait déjà dans l'Hérault plus de cent mille hectares de vignes atteintes de la maladie qui avaient été soufrées. Aujourd'hui, cette quantité doit être triplée.

L'autre objection sérieuse est celle-ci :

Il est impossible, dit-on, *de soufrer des vignes blanches rampantes, comme celles de Vouvray, Rochecorbon, St-Georges, etc.; si le soufrage est possible dans le Bordelais, c'est que les vignes y sont montées sur des échalas, appelés habituellement hautins*. Je rappellerai que dans tout le Midi et chez M. Marès, toutes les vignes sont rez-terre et présentent, selon les espèces, des verges de l'année de 5 à 10 mètres de long. Les vignes sont toutes travaillées à la charrue et plantées en quinconce, soit de 2 mètres en 2 mètres, ou bien de 1^{m},50 à 2 mètres; c'est donc par hectare 5,000 ou 7,500 souches. Depuis les années 1854, 1855, le soufrage des vignes s'est fait avec un succès complet dans tout son vignoble, *de 150 hectares*, et par le moyen du soufflet Vergues, perfectionné par M. Granal, ferblantier à Béziers. M. Marès, lui-même, m'a démontré combien il était facile de soufrer les vignes qui rampent sur la terre, même aux mois de juillet et août, au moment où les vignes sont le plus touffues.

Seulement, pour hâter la maturité et faire un bon soufrage, on épampre avec soin et légèrement pour éviter le grillage, qui est très-commun avec les hautes températures de ces contrées.

Visite des vignobles des environs de Bordeaux.

Dans le Bordelais, parmi les propriétés que j'ai visitées avec le plus grand soin, est celle du château de Carbonieux, appartenant à M. Bouchereau, vice-président de la Société d'Horticulture de la Gironde et ancien adjoint du maire de Bordeaux. Il est impossible de recevoir un accueil plus gracieux que celui dont j'ai été l'objet, et toute ma vie je me rappellerai l'obligeance dont il a fait preuve envers moi. Non-seulement j'ai visité son beau vignoble des Graves, composé de 50 hectares de vignes au moins, mais il a bien voulu me faire visiter les domaines de quelques petits propriétaires routiniers, qui, malgré les bons exemples et les résultats obtenus par le soufre depuis six ans, à Carbonieux, n'avaient pas voulu soufrer leurs vignes. Chez eux comme dans le Midi, les feuilles étaient jaunes, rabougries, farineuses à l'extrémité, d'un gris sale; le bois était taché de noir et sans vigueur, les raisins étaient grisâtres, fendus, et la récolte tellement compromise en fin d'août, qu'il eût été impossible de retirer dans ces vignes cinq litres potables par hectare.

Pendant les quelques années que les vignes de Carbonieux ont eu la maladie et n'ont pas été soufrées (on ne connaissait pas encore l'efficacité et l'emploi du soufre), la récolte habituelle de 12 hectolitres par hectare était descendue à 3 ou 4 hectolitres; aujourd'hui que les vignes sont soufrées et guéries chaque année, le produit est de 20 hectolitres, en moyenne. Je ferai observer que les cépages plantés dans le Bordelais n'ont pas la même fécondité que ceux du Midi, mais donnent des qualités bien supérieures. A Carbonieux, année moyenne, il a été fait quatre soufrages par hectare; à chaque soufrage on employait 30 kilogr., soit 120 kilogr. par hectare. Dans cette belle propriété des Graves, la plantation est différente selon les cépages et la qualité du sol. Ainsi des espèces sont plantées sur deux rangs, avec un champ de 4 mètres ensemencé de diverses cultures, système adopté à Bourgueil et Chinon, et généralement dans les communes de notre troisième arrondissement. Certains cépages sont plantés sur trois rangs, espacés de 1^{m},20 ; d'autres sont de 2 mètres en 2 mètres. Les façons des vignes sont faites à la charrue, et rabattues à un mètre de hauteur, afin que le joug des bœufs puisse passer facilement par dessus. Dans les Graves, le terrain est siliceux, très-légèrement mêlé d'argile, avec beaucoup de gros sable de rivière et de silex de mer. Les vignes avec échalas, espacées de 2 mètres en 2 mètres, donnent par 75 ares 1,600 souches, celles espacées de 1 mètre à 2 mètres, 3,200, c'est-à-dire 6,500 à 7,000 souches à l'hectare. Il y a nécessité de soufrer au moins trois ou quatre fois dans l'année; avec le soufflet Vergnes, on emploie de 120 à 130 kilogr. de soufre. Comme dans le Midi, le premier soufrage doit avoir lieu huit à dix jours avant la floraison, et même dès que la maladie paraît sur les premiers bourgeons, et le deuxième quinze à vingt jours après, aussitôt que l'on s'aperçoit que la maladie veut reparaître, car on ne doit mettre aucun retard si l'on tient à réussir.

M. Techenez, horticulteur habile et viticulteur expérimenté, m'a fait visiter ses vignes, situées dans la Bastide, et celles de ses voisins. Là aussi, la routine de quelques petits propriétaires a abouti à annuler pour ainsi dire leurs récoltes, tandis que chez M. Techenez et chez plusieurs grands propriétaires, où le soufrage a été appliqué en temps opportun et avec soin, les produits ont augmenté considérablement. Je le répète, dans le Midi, comme dans le Bordelais, le soufre est un engrais actif qui, bien employé, donne qualité au vin et quantité. Tandis que dans les vignes abandonnées à la rigueur de la maladie les feuilles restent jaunes, sans vie, et les produits nuls. Dans les vignes soignées, au contraire, on voit les pampres d'un vert foncé et d'un vernis brillant, signe certain de la santé et d'une bonne production.

Dans la Bastide, les vignes sont plantées avec échalas, de 2 mètres en 2 mètres sur 1^m,35, les terres sont très-relevées et laissent une rigole assez profonde. On compte dans un hectare, en moyenne, 8,400 souches, et pour les quatre soufrages on emploie 150 kilogr. Ainsi, dans le Midi et dans le Bordelais, la quantité employée varie peu; il en est de même de son emploi, qui doit être fait dès l'apparition de la maladie, c'est-à-dire à la pousse des premiers bourgeons. Voici, en quelques mots, les conseils de M. Techenez :

« En cherchant avec la loupe, il est facile de voir les pre-
« miers plants attaqués; il faut marquer en blanc l'échalas
« dont le premier cep est attaqué, il s'appelle *moniteur*, car
« tous les ans vous le trouverez le précurseur de la maladie;
« dès ce moment, il ne faut pas perdre un instant et ne pas
« hésiter à l'attaquer vigoureusement. M. Techenez préfère
« aussi le soufflet Vergnes à la houppe et à la boîte percillée.
« Le soufflet a l'avantage de mieux diviser le soufre, l'opéra-
« tion se fait plus vite et sans danger pour les yeux, surtout
« avec des lunettes. Lorsque la maladie parait, il y a nécessité
« de cesser tous autres travaux pour la combattre, et il est fa-
« cile de la connaître : le raisin est couvert d'une poussière
« blanche, la feuille est recoquillée, penche vers la terre et a
« une forte odeur de moisi. L'opération du soufrage doit re-
« commencer trois ou quatre fois, et aussitôt que la maladie
« veut reparaitre. »

Soufrage économique de la vigne.

De nouveaux essais ont été faits par M. Marès, au moyen d'un mélange de soufre et de plâtre. Ces essais ayant réussi, j'ai dû ajouter quelques mots à mon premier travail. (1)

Après avoir présenté des observations sur divers mélanges qui n'ont obtenu que des résultats très-contestables, M. Marès dit qu'il n'en est plus de même lorsqu'on mélange intimement le soufre et le plâtre, et qu'on incorpore leurs poudres *par la trituration et le blutage.* Le mélange des deux corps, en poids égaux, donnent des résultats identiques à ceux du soufre. Cette propriété se soutient encore dans les poudres composées d'un tiers de soufre et deux tiers de plâtre. Au-dessous de cette proportion, l'effet paraît s'affaiblir graduellement, selon les plâtres qu'on emploie et la perfection de la trituration et du blutage. « Je me suis donc arrêté, dit-il, à la proportion de : *un* « *de soufre et deux de plâtre,* en poids, pour la composition « de la poudre que j'ai employée sur une grande échelle et de « laquelle j'ai obtenu, pendant plusieurs années consécutives, « des effets égaux à ceux du soufre pur. En 1860 et en 1861, « j'ai divisé en parties égales des vignes de divers cépages, elles « ont été traitées, l'une par le soufre pur, l'autre par le soufre « plâtré, et les résultats sont identiques.

« J'ai observé sous le microscope l'action directe du plâtre « soufré sur l'oïdium : elle est semblable à celle du soufre pur. « On voit le cryptogame désorganisé, les spores déformées au « point de contact de la poussière avec ses divers organes. « L'effet du mélange des deux poudres est surtout remarquable « sur les vignes dont les rameaux présentent un commence- « ment d'invasion; après une journée de chaleur et de soleil,

(1). Voir sa brochure intitulée : *Du soufrage économique de la vigne.*

« l'oïdium des rameaux est frappé de désorganisation et a perdu « son odeur.

« La végétation de la vigne, sous l'influence du soufre « plâtré, s'est développée avec le même luxe et la même « vigueur; sous ce rapport, les parcelles mises en compa- « raison ne présentent aucune différence.

« Le soufre pur et le soufre plâtré produisant sur la vigne « les mêmes effets, le dernier présente des avantages qu'on « ne trouve pas chez le premier.

« 1° Ses poussières fatiguent beaucoup moins les yeux de « ceux qui l'emploient que celles du soufre pur; 2° sous l'in- « fluence des grandes chaleurs, elles échaudent peu ou point « les raisins; 3° ce mélange de soufre et de plâtre a l'avan- « tage d'adhérer aux feuilles, aux fruits et au bois; 4° il est « d'un prix très-réduit, qui n'atteint pas la moitié du prix « du soufre pur.

« En effet, le soufre trituré valant 27 fr. 50 c., rendu à « Tours, les 100 kilog. . . . . 27 f. 50
« et le plâtre cuit et moulu 2 fr. 50 c. les 100 kilog., « ce mélange se composant de un de soufre trituré « et de deux de plâtre à 2 fr. 60 c. les 100 kilog. . 5 20
« il faudra ajouter, pour la deuxième trituration et « pour le blutage (le moulin à toiles métalliques est « absolument nécessaire pour faire ce mélange), « 1 fr. 50 c. par 100 kilog., soit 300 kil. à 1 fr. 50 c. 4 50
« Total. . . . . . 37 f. 20

« Les 100 kilog de ce mélange reviendront à 12 fr. 40 c., « au lieu de 29 fr. 50 c. La différence sera encore plus grande « si vous employez le soufre sublimé, qui vous coûtera « 33 fr. 50 c. les 100 kilog., au lieu du soufre trituré, qui « coûte 27 fr. 50 centimes. »

M. Marès termine en disant que « les époques où les pluies « sont le plus fréquentes pendant la végétation de la vigne « sont ordinairement les mois d'avril et de mai. » Or, pendant

« ces deux mois, les bourgeons sont encore peu développés, et
« on n'emploie, pour les soufrages, qu'une petite quantité de
« matière. Ainsi, pour une opération en mai, il suffit de 10 kil.
« de soufre, tandis qu'il en faut 50 kilog. à la fin de juin et de
« juillet. De plus, dans les mois du printemps la chaleur se fait
« encore peu sentir ; alors, le soufre incommode peu les yeux
« des ouvriers et n'échaude pas les raisins comme il le fait plus
« tard.

« Il résulte de ces considérations, qu'il y a peu d'inconvé-
« nient à donner les soufrages en avril et en mai, lorqu'ils sont
« nécessaires, *avec le soufre pur*. Ce n'est que plus tard, dans
« le courant de juin, quand les vignes sont plus développées et
« les chaleurs sont devenues plus fortes, que le mélange de
« soufre et de plâtre présente des avantages plus marqués.
« Quoique les soufrages puissent tous être faits au soufre plâ-
« tré, et que leur réussite soit également assurée, on pourrait
« donc, sans inconvénient et sans augmenter beaucoup la
« dépense de soufre, donner le premier soufrage, jusqu'au
« 10 juin, *au soufre pur*, et adopter pour les autres *le soufre*
« *plâtré*.

« Le soufre plâtré doit être préparé de manière à incorporer
« aussi complètement que possible les deux poussières dont on
« veut opérer le mélange ; il faut faire en sorte que la masse
« entière présente une homogénéité parfaite. On y arrive en
« triturant ensemble, *sous la même meule*, le soufre et le plâtre
« cuit déjà moulus, après avoir mêlé à l'avance les deux pous-
« sières dans les proportions du mélange qu'on veut obtenir.
« Une fois la trituration accomplie, il faut bluter la poussière
« au moyen de toiles métalliques d'une grande finesse. Celle des
« numéros 120 sont les moins fines qu'on puisse adopter.
« Les poudres ainsi préparées, lorsqu'on fait usage de plâtre
« gris clair, sont d'un jaune blanchâtre, souples au toucher,
« d'une extrême ténuité ; elles répandent, sous l'influence des
« rayons solaires, une forte odeur de soufre, comme le soufre

« lui-même. La trituration réitérée des poudres, déjà séparément « préparées, augmente beaucoup leur état de finesse, et me « paraît ne pas devoir être négligée. Dans le cas où l'on triture-« rait directement le plâtre cuit avec le soufre en pierre, il fau-« drait assez longtemps travailler la poussière sous la meule « pour arriver à perfectionner le plus possible la pulvérisation « et le mélange des deux corps.

« Les soufres plâtrés doivent être conservés dans un lieu sec, « car l'humidité les altère, comme le plâtre pur. Cependant, « s'ils venaient à être mouillés, il suffirait de les pulvériser de « nouveau, en y ajoutant un peu de soufre pur, pour qu'ils « reprissent leur valeur.

« Au point de vue pratique, il donne les moyens de réduire « tout d'un coup la consommation du soufre dans les vignobles « au tiers environ de ce qu'elle est actuellement, sans diminuer « les effets si remarquables qu'on obtient de son emploi mé-« thodique. »

Il est à souhaiter que dans tous les vignobles de France de nombreux essais soient faits dans cette voie, le soufre restant jusqu'à présent comme type de l'action et de l'énergie des poussières à essayer. A Bordeaux, d'après plusieurs essais faits par M. de la Vergne, le soufre mélangé de moitié plâtre n'aurait pas réussi.

Moyens de désinfecter les vins provenant des vignes soufrées.

Je dois à l'extrême obligeance de M. le comte de la Vergne ce dernier chapitre intitulé : *Moyens de désinfecter les vins provenant des vignes soufrées*, que j'emprunte à son excellent ouvrage intitulé : *Règles du soufrage de la vigne*, etc., etc. (1)

(1) Page 87 de l'ouvrage intitulé : *Règles du Soufrage de la vigne et résultats d'observations nouvelles sur le soufre et l'oïdium*, par M. de la Vergne.

Je copie textuellement :

« La mauvaise odeur et le mauvais goût qu'on reproche à « certains vins provenant des vignes soufrées sont dus à un « gaz appelé *acide sulfhydrique* ou *hydrogène sulfuré*. Ce gaz « se produit ordinairement dans le vin lorsqu'une certaine « fermentation s'opère en présence du soufre très-divisé. Les « raisins des vignes soufrées qui retiennent encore du soufre « au moment de la cueillette donnent un vin souillé d'hydro- « gène sulfuré.

« L'eau dissout trois fois son volume de ce gaz; mais, à l'air « libre, elle le perd assez promptement. Elle le perd presque « instantanément lorsqu'on le mélange avec de l'eau qui « contient en dissolution du gaz acide sulfureux.

« Les soutirages faits à l'air libre désinfectent peu à peu les « vins des vignes soufrées. Mais on peut les désinfecter « promptement par un procédé de soutirage dont les faits « signalés plus haut devaient nécessairement donner l'idée :

« *Rincez soigneusement à l'eau bouillante la barrique « destinée à recevoir le vin qui a mauvais goût; rincez une « seconde fois à l'eau fraîche; introduisez ensuite dans ce fût « un litre d'eau très-propre et brûlez trois centimètres environ « de mèche soufrée. Agitez et roulez la barrique afin que l'eau « absorbe mieux les vapeurs d'acide sulfureux. Laissez cette « eau dans la barrique. Transvasez le vin à la bassine afin « qu'une partie du gaz sulfhydrique se dissipe ou se décompose « au contact de l'air.*

« Mais ayez soin surtout d'éviter qu'il ne passe de la « lie avec le vin soutiré, elle entraînerait avec elle de la « poudre de soufre, et bientôt après le soutirage, sous l'in- « fluence de la moindre fermentation, il se formerait encore « de l'hydrogène sulfuré.

« Que vous décuviez ou soutiriez, réservez, pour être logés « séparément, une assez grande quantité de fond de cuve et « le vin qui reste encore dans les barriques au moment où,

« pour les vider entièrement, il faudrait lever l'arrière-bout.
« Les vins de lie seront, à leur tour, parfaitement désinfectés
« par le moyen que nous venons de décrire.

« Si vous avez plusieurs cuves dont quelques-unes renfer-
« ment du vin exempt de mauvais goût, ordonnez les décu-
« vages de manière à faire passer pendant vingt-quatre heures
« le vin de celles qui sont infectées dans le marc (rapé) de
« celles qui ne le sont pas. C'est à tous égards un excellent
« procédé. Si votre vendange ne donnait que du vin sentant
« *l'acide sulfhydrique*, vous feriez sagement de le laisser repo-
« ser quelques jours, avant de le mettre en barrique, dans des
« foudres ou dans des cuves fermées.

« Avec ce procédé sûr, prompt et facile, qui permet de
« braver le risque de récolter des vins entachés d'acide
« sulfhydrique, on pourra sans crainte opérer des soufrages
« quand ils seront utiles sur l'entier cep de vigne et à toutes
« les époques, même à l'approche des vendanges.

« C'est d'autant plus heureux que l'oïdium ne nuit pas
« seulement en détruisant la récolte; il est encore nuisible
« lorsque, s'étant développé sur la pousse d'août, il envahit
« la rafle verte des grappes dejà mûres, et pénètre ensuite par
« elles dans le pressoir et dans la cuve.

« Cette circonstance est plus ordinaire qu'on ne pense,
« dans les vignes dont la récolte est préservée naturellement
« aussi bien que dans celles ou des soufrages incomplets la
« conservent. Or, tout vin qui a reçu de l'oïdium porte en lui
« un ennemi redoutable. »

« Il n'est pas éloigné le temps où l'on s'empressera non-
« seulement d'avouer, mais encore d'avertir qu'on a soufré,
« *bien soufré* ses vignes. »

DÉPARTEMENT D'INDRE-ET-LOIRE

RÉSUMÉ DES CONFÉRENCES

FAITES PAR M. LE COMTE DE LA VERGNE

A CHINON, BOURGUEIL, LOCHES, TOURS, VOUVRAY ET BLÉRÉ

Les conférences de M. le comte de la Vergne m'ont mis à même de puiser de nouveaux renseignements que je crois devoir ajouter à cette seconde édition, car ils seront l'écho des paroles prononcées avec tant de conviction et d'éloquence par cet habile viticulteur. Dans son ouvrage *le Guide du Soufreur des Vignes*, il dit : « Les organes de l'oïdium se « forment successivement. Le mycelium existe quelquefois « assez longtemps avant les tigelles : quelquefois il naît, « s'étend et meurt sans avoir donné naissance à aucun organe « reproducteur ; en ce cas, l'oïdium, manquant de nombreuses « tigelles blanches qui le font aisément apercevoir, peut « causer de grands dommages sans s'être rendu visible à l'œil « nu. Ce phénomène, généralement inobservé (1), qui n'est « pas très-rare cependant, a fait croire d'abord à un état « morbide de la vigne, indépendant de son parasite, antérieur « à elle et cause même de sa manifestation. »

Sur la question du soufre, de ses propriétés, des conditions de son emploi, il dit :

« Le soufre n'agit efficacement qu'à l'état de gaz et lorsqu'il « pénètre jusqu'aux points les plus cachés des surfaces oïdiées.

(1) Page 12 de son *Guide du Soufreur de la Vigne*. Le premier, M. de la Vergne a observé ce phénomène en 1853 et l'a signalé dans les *Annales de la Société d'Agriculture de la Gironde* (deuxième trimestre 1854).

« Il se volatilise plus ou moins sensiblement à toutes les « températures au-dessus de 16° ; en été, sous l'action de la « chaleur solaire, dans les circonstances les plus favorables « à la végétation du parasite, ses vapeurs sont abondantes et « répandent une odeur qui les fait connaître aisément. A cette « époque de l'année, si l'on projette du soufre en poudre sur « un pied de vigne, de manière que les surfaces de la souche, « des sarments, des grappes et des feuilles en reçoivent, sur « tous leurs points généralement des grains assez nombreux ; « le cep ainsi soufré, se trouve journellement plongé dans un « bain de gaz, jusqu'à ce que son enveloppe de poudre sulfu- « reuse soit dissipée. »

Il suit de là que, dans le traitement des vignes, il faut employer du soufre à l'état de division le plus parfait ; qu'il faut soufrer les pieds de vigne dans le plus grand nombre possible de leurs parties ; que le temps le plus convenable au soufrage est un temps calme, chaud et sec.

L'eau trop abondante agglomère le soufre dans ces gouttelettes, s'oppose à son égale répartition et diminue même un peu l'action de ses vapeurs.

Il ne faut donc pas mouiller les vignes avant de les soufrer. La mouillure préalable, pratiquée en Angleterre et en France, avant nos expériences déjà citées, en rendant le soufrage inapplicable aux grands vignobles, a retardé la vulgarisation de ce moyen de salut.

M. de la Vergne le premier a signalé les moniteurs dans les vignes oïdiées, et dans ses conférences il s'est surtout appesanti sur ce fait que les moniteurs d'un cépage ne peuvent pas être considérés comme les moniteurs de tous les cépages, et que, même dans un terrain donné, ils ne peuvent pas être pris pour moniteurs d'un cépage identique, s'ils sont plantés dans des terrains différents ; à cet égard nous citerons les observations mises dans le chapitre *Inspection :* « Lorsqu'on à fait la recherche de la moisissure qui doit être un signal

« pour le soufreur, — si c'est au premier soufrage qu'on se « prépare, — il convient d'inspecter soigneusement les ceps « moniteurs dans toutes leurs parties vertes et particulièrement « dans les pousses qui proviennent des contre-boutons. »

S'il existe de l'oïdium déjà visible à l'œil nu, son apparence farineuse et son odeur de moisi le feront aisément reconnaître sur les entre-nœuds inférieurs de quelques jets, sur la queue (pédoncule), et les boutons de quelques mannes (fourniture), sur les bords crispés de quelques feuilles.

Dans les recherches préparatoires de tout soufrage postérieur à la floraison, le verjus fournira le plus ordinairement les indications nécessaires. Il suffira d'un point blanc sur le support ou vers la base d'un petit grain vert pour fixer l'investigateur, et faire commencer immédiatement une opération générale. Cette note sur les moniteurs complète ce que j'ai dit sur cette principale question page 14 de la première édition.

Dans ma première édition j'ai donné la description du soufflet Granal, de Montpellier; voici celle du soufflet inventé par M. de la Vergne, en 1857, avec quelques modifications apportées en 1863 :

« Les dimensions de notre soufflet, dit-il, sont celles des souf- « flets communs appelés Cadets ; les planches, d'un centimètre « d'épaisseur, sont en bois de peuplier, très-sec ; il n'a pas « d'autres ferrements que sa tuyère de fer-blanc et les petits « clous nécessaires pour fixer la peau dont il est garni « à dimensions égales; il pèse beaucoup moins qu'aucun « autre soufflet connu : avantage considérable aux yeux de « l'ouvrier soufreur, surtout si on emploie des femmes et des « enfants. Les avantages qu'il présente sont : 1° que la fleur « de soufre n'est point gênée dans son cours, et qu'au lieu de « sortir en faisant balle, comme par les tuyères coniques, elle « se dilate, roule dans l'entonnoir et se disperse en tourbillon; « 2° qu'on peut projeter de la poudre à l'intérieur du feuillage « d'un cep, en pressant de bas en haut, par dessous et à

« revers, les sarments, les grappes, les feuilles; 3° qu'on peut « humer le soufre dans toutes les directions et lui faire suivre « toujours celle du vent, sans se baisser ni se déplacer « continuellement. » Ce soufflet est certainement le meilleur, ainsi que celui de M. Granal, dont on puisse se servir (ces deux instruments sont brevetés et les contrefacteurs peuvent être poursuivis).

Contrairement à l'opinion de M. Marès, qui croit que le raisin n'a plus rien à craindre de l'oïdium à partir du *verdelet*, M. de la Vergne prétend que l'oïdium s'établit sur la rafle verte du raisin et continue à s'y développer jusqu'à la cueillette, et qu'indépendamment de l'action nuisible à la maturation du fruit, étant porté à la cuve et passant avec le moût dans les tonneaux, il reste dans le vin comme un ferment destructeur.

Lorsque le vin rouge prend le mauvais goût du soufre, M. de la Vergne propose de rincer en plein la barrique à l'eau froide, une deuxième fois à l'eau chaude, et une troisième fois à l'eau froide et, lorsque cette triple opération est faite, on transvase en suivant exactement les prescriptions données déjà (pages 42 et 43). Pour les vins blancs qui sont fermentés dans des tonneaux qui ont un orifice très-petit et qui présentent une issue insuffisante à l'hydrogène sulfuré, ils sont exposés à être plus infectés que les vins rouges qui sont mis de 10 à 15 jours (selon les années) dans de grandes cuves. Il est donc nécessaire que les propriétaires des vignes blanches observent rigoureusement les préceptes sur le soufrage, afin que la dernière opération précède la cueillette du plus grand nombre de jours possible, et de n'employer que le soufre nécessaire, afin qu'il ait le temps d'être enlevé par les pluies avant les vendanges.

De l'utilité de soufrer les vignes gelées si on veut les défendre de l'oïdium.

M. de la Vergne dit dans son ouvrage, *Règle du soufrage de la vigne*, que les jets que pousseront les vignes gelées seront d'un prix infini pour rétablir et perpétuer les ceps. Il faut les défendre contre les limaces et les insectes qui s'acharneront à les dévorer, d'autant plus qu'ils seront nouveaux venus au milieu de la végétation générale déjà avancée; il faut les défendre surtout contre l'oïdium, qui s'en emparera d'autant mieux qu'ils vont paraître au moment où commenceront les grandes invasions. Si la moisissure s'établissait sur ces jeunes pousses, elle en arrêterait la végétation et les rendrait moins propres à rétablir convenablement le pied de vigne. Ce serait un grand mal; il faut le conjurer.

Soufrez les nouveaux jets des vignes gelées dès qu'ils auront un décimètre de longueur, et tous les 25 jours, jusqu'en septembre inclusivement. Vous les préserverez de l'oïdium et vous en éloignerez beaucoup d'insectes nuisibles; la pluie nettoiera plus facilement leurs organes foliacés; leur bois mûrira mieux et sera d'une bonne constitution.

Les vignes gelées, oïdiées ou non, devront être soigneusement et assidument soufrées; l'ébourgeonnement fréquent et sévère qu'elles auront d'ailleurs à subir permettra de les soufrer facilement et à peu de frais.

Nécessité de soufrer toutes les parties vertes des ceps.

Il faut soufrer les ceps dans toutes leurs parties vertes et non pas seulement dans celles où se trouvent des raisins. Il faut soufrer les jeunes plantes aussi soigneusement que les vignes qui portent du fruit. Puisque la nature a donné des feuilles à la vigne, elles lui sont nécessaires, au moins à certains moments de son existence; elles sont ses poumons. Il faut donc les défendre contre le champignon et soufrer, même dans certains cas, celles de la pousse d'août.

Le raisin mûrira plus tôt et mieux; il n'entrera pas d'oïdium dans la cuve; les sarments s'accroîtront bien et ne noirciront pas quand viendra l'hiver; la coulure sera moins fréquente; la vigne reprendra sa puissance de développement et de fructification. L'oïdium étant combattu sur toutes les parties vertes, dès qu'il commence à végéter, la quantité de ses semences diminuera rapidement. Lorsque toutes les vignes cultivées, sujettes à l'oïdium, seront, sans exception, traitées par le soufre, les invasions du parasite ne seront, après quelques années, ni aussi fréquentes, ni aussi étendues.

Quantité de soufre et de temps nécessaire pour soufrer un hectare de vigne.

La quantité de soufre et de temps nécessaire pour défendre contre l'oïdium une vigne d'une étendue et d'un nombre de souches déterminés, dépend de l'état et de la qualité du soufre, des instruments dont on se sert, du zèle et de l'habileté des ouvriers, du volume et de la taille des ceps, des circonstances qui rendent l'oïdium plus ou moins redoutable, etc., etc. Cette quantité ne pourrait donc être fixée à l'avance, même approximativement.

En 1858, nous préservâmes parfaitement notre récolte au moyen de 36 kilogrammes de fleur de soufre par hectare, renfermant huit mille souches en *Grave* et deux mille quatre cents en *Palu*.

Nous en avons employé près du triple en 1860 pour obtenir un aussi bon résultat.

Dans son argumentation qui dure trois heures, M. de la Vergne pour prouver à ses auditeurs : 1° la présence d'un champignon ; 2° que les terres et les ceps ou bois dur ne sont pas malades ; 3° quels sont les moyens à employer pour tuer ce parasite, établit avec une précision mathématique qui prouve une étude approfondie de la question, que ce champignon naît, vit, fait ses racines, ses graines et meurt dans l'espace de 25 jours ; que ses graines ressemblent à la poussière de farine la plus fine ; qu'elle se répand par le vent sur toutes les surfaces des vignobles et forme dans 25 jours sa deuxième évolution, puis une troisième, puis une quatrième si la température dépasse 20 degrés. Ce champignon, appelé *oïdium de la vigne* (car il en existe de plusieurs espèces), trouve sa nourriture dans le trop-plein de la sève de la vigne, sève qui n'est plus ou peu nécessaire à ses fonctions et qu'elle rejette au moment de la première végétation ainsi qu'à l'époque de la fleur ; et comme il y a à cette époque abondance de sève, le parasite s'en empare avec avidité ; mais la Providence a bien voulu mettre à côté *d'un grand mal un grand remède : le soufre*, qui a besoin aussi de 20° pour faire sortir les émanations qui tuent ce parasite.

Dans cette condition de la température, jetez de la poudre de soufre sublimé de préférence, sur toutes les parties vertes du cep, feuilles, fournitures, verjus et sarments, et avec le soufre vous empoisonnerez ce champignon, vous gâterez la nourriture qu'il préfère, qui le fait vivre, et enfin, vous le tuerez, avant qu'il puisse faire sa graine, en le faisant mourir de faim.

« Si vous débarrassez votre vigne du mal qui la tue, je le « répète avec la plus grande conviction, dit M. de la Vergne, « avec l'expérience de dix années dans 115 *hectares* de mes « vignobles du Médoc, les souches de vos ceps, le bois vieux « enfin, vos terres n'auront pas la maladie, et, ce champignon « s'attachant seulement à la sève, aux parties vertes, de l'an- « née, qui font sa nourriture, avec le soufrage, avec cette

« nouvelle façon faite dans vos vignes chaque année, ce para-
« site ne pouvant plus vous faire aucun mal, vous aurez des
« récoltes qui feront vivre vos familles, vous aurez des vins
« faciles à vendre et vous donnerez santé et force à vos vignes,
« *car jusqu'à présent sans soufrer, pas de salut.* » Ainsi, d'après ces conférences, il est bien entendu que les vignes qui ont été malades depuis 5 *ou* 6 *ans*, et qui chaque année ont perdu entièrement leurs récoltes, doivent avoir leur *premier soufrage* lorsque les premières pousses ont atteint *de 6 à 10 centimètres de longueur*; que *le deuxième* doit avoir lieu trois ou quatre jours avant la fleur *ou aussitôt que l'on aperçoit le commencement de la maladie;* que *le troisième* doit être donné si l'on s'aperçoit que la maladie prend de nouveau son essor, c'est-à-dire au moment où le raisin est gros comme des petits pois et de 20 à 25 jours après *le deuxième soufrage; le quatrième* doit avoir lieu vers le verdelet et *le cinquième partiel* pour les pousses nouvelles d'août. Dans les années suivantes trois soufrages bien faits et à temps devront suffire, et un demi-soufrage partiel, un quatrième à la pousse d'août sur les feuilles nouvelles.

Conclusion.

Je serais heureux en cette circonstance de pouvoir faire passer chez nos viticulteurs la conviction que j'ai acquise en présence des faits que je signale aujourd'hui et je voudrais pouvoir entraîner nos grands propriétaires, dont les vignes sont atteintes de l'oïdium, à les traiter par le soufrage; car je ne doute pas un instant que nos paysans les plus routiniers et les plus avares de leur temps et de leur argent ne se décident à détruire tous les ans cette terrible maladie, qui en peu de temps peut se répandre et anéantir toutes les récoltes viticoles de notre département, perte immense et incalculable pour nos contrées.

Je termine en disant que pendant vingt jours j'ai parcouru beaucoup de vignes dans le Midi et dans le Bordelais qui depuis 15 ans étaient oïdiées, dont les récoltes perdues entièrement nulles, jetaient le désespoir et la misère dans les familles. Avec le soufrage bien appliqué, on a obtenu de très-belles récoltes, des vins exquis qui, tout en gagnant en quantité ne perdaient pas de leurs qualités; tous ces avantages sont dus à à l'emploi du soufre en temps opportun. Ma devise est donc *du soufre, du soufre, du soufre.* Cela fut-il nécessaire, soufrez quatre fois, si vous voulez tous les ans guérir vos vignes de cette terrible maladie de l'oïdium, si vous voulez sauver et augmenter vos récoltes.

ROUILLÉ-COURBE.

TABLE

Tours, imp. Ladevèze.

www.ingramcontent.com/pod-product-compliance
Ingram Content Group UK Ltd.
Pitfield, Milton Keynes, MK11 3LW, UK
UKHW020958180726
13838UKWH00003B/1375

9 782329 31857